广东省高等学校“千百十工程”省级培养对象资助项目
广东省第一批高等职业教育专业领军人才培养对象资助项目
国家自然科学基金青年科学基金项目
教育部人文社会科学研究规划基金项目

佛山祠庙建筑

周彝馨　吕唐军　著

中国建筑工业出版社

图书在版编目（CIP）数据

佛山祠庙建筑 / 周彝馨，吕唐军著．—北京：中国建筑工业出版社，2016.11

ISBN 978-7-112-19934-1

Ⅰ.①佛…　Ⅱ.①周…②吕…　Ⅲ.①祠堂—宗教建筑—研究—佛山②寺庙—宗教建筑—研究—佛山　Ⅳ.①TU-098.3

中国版本图书馆CIP数据核字（2016）第236513号

祠堂与庙宇在岭南建筑中极具代表性，佛山有众多重要的岭南祠堂与庙宇建筑，地位举足轻重。本书展示了佛山祠庙建筑中具有重要历史价值或建筑、艺术价值的精华案例。全书以图片为主，文字为辅，便于读者形象地解读佛山祠庙建筑，进一步解读佛山建筑所体现的岭南文化性格：宗教集权，严整统一；讲究选址，崇尚风水；传承古制，融汇大成；彰显富贵，繁缛丰盛。

本书可供建筑师、古建筑研究人员及有关专业师生参考。

责任编辑：许顺法

书籍设计：韩蒙恩

责任校对：王宇枢　张　颖

佛山祠庙建筑

周彝馨　吕唐军　著

*

中国建筑工业出版社出版、发行（北京海淀三里河路9号）

各地新华书店、建筑书店经销

北京京点图文设计有限公司制版

北京顺诚彩色印刷有限公司印刷

*

开本：787×1092毫米　1/16　印张：18¾　字数：333千字

2017年5月第一版　2017年5月第一次印刷

定价：108.00元

ISBN 978-7-112-19934-1

（29296）

【前 言】

国之大事，在祀与戎。祠与庙，为祀而生。

香火绵延，历千年不竭，其所传承者，家国血脉也！

佛山祠庙之重，绝非简单数字所能概括。

广府村落常以榕定村，树生则村定，人丁旺则祠庙兴！佛山祠庙之多从另一个角度说明此地区风水俱佳，尤为适合人类的栖息繁衍。

常言道『顺德祠堂南海庙』，要研究广府古建筑，佛山祠庙建筑实为最佳切入点。无论是从建筑之整体形制或是各类构件之形态，佛山祠庙建筑全面、清晰地保存了广府建筑之特色、之演变。

有道是：

一尺青砖作塾台，

画栋雕梁著华章。

石狮依旧门前舞，

清风仍然入画堂。

沿用笔者另一本书里的原话：今日研究之目的，于其表是为佛山祠庙建筑文化确立其应有地位；于其里是为还原岭南历史文化之原貌。这一理想，任重而道远，不可一蹴而就。唯望抛砖引玉，携志同道合者，开创一片新天地。

目录

前言
1 佛山祠庙建筑概述 001
2 佛山重要祠庙建筑现状 005
2.1 重要庙宇建筑 006
2.2 重要祠堂建筑 010
3 佛山祠庙建筑形制 023
3.1 环境 024
3.2 总体形制 024
3.2.1 路 024
3.2.2 进 024
3.2.3 开间 025
3.2.4 路、进、间组合形制 025
3.3 单体形制 026
3.3.1 门堂 026
3.3.2 中堂、后堂 027
3.3.3 廊庑 028
3.3.4 庭院 028
3.3.5 辅助元素 028
3.3.6 其他 031
4 佛山祠庙建筑结构 033
4.1 材料 034
4.1.1 木 034
4.1.2 石 034
4.1.3 砖 034
4.1.4 蚝壳 035
4.1.5 其他 035
4.2 梁架结构 035
4.2.1 梁架整体结构 036
4.2.2 横架 037
4.2.3 纵架 038
4.3 屋面 039
4.3.1 屋顶 039
4.3.2 屋脊 040
4.3.3 屋顶构架构件 041
4.4 山墙 042
4.4.1 山面 042
4.4.2 墀头 044
4.5 柱 044
4.5.1 柱头 044
4.5.2 柱身 044
4.5.3 柱櫍 046
4.5.4 柱础 046
4.6 梁 047
4.6.1 木梁 048
4.6.2 阑额 050
4.7 结构交接 050
4.7.1 驼峰（柁墩） 050
4.7.2 斗栱 052
4.7.3 托脚 053
4.7.4 横架斗栱组合 055
4.7.5 梁柱交接 055
4.7.6 柱檩交接 057

| 4.8 檐部结构 058
| 4.8.1 木檐柱，挑檐 059
| 4.8.2 木檐柱外设墉，挑檐 059
| 4.8.3 石檐柱，挑檐 059
| 4.8.4 石檐柱，不挑檐 059
| 5 佛山祠庙建筑小木作 061
| 5.1 门 062
| 5.2 窗 065
| 5.3 雀替和梁头 065
| 5.4 围栏、垂带石 065
| 5.5 罩、横披 065
| 5.6 檐板 066
| 6 佛山祠庙建筑装饰 067
| 6.1 木雕 068
| 6.2 石雕 070
| 6.3 砖雕 071
| 6.4 陶塑 072
| 6.5 灰塑 072
| 7 附图 075
| 7.1 佛山祠庙建筑地图 076
| 7.2 代表性祠庙 079
| 7.3 祠庙与环境 087
| 7.4 门堂 090
| 7.5 中堂、后堂 096
| 7.6 廊庑 101
| 7.7 庭院 102
| 7.8 辅助元素 106
| 7.9 材料 120
| 7.10 梁架结构 124
| 7.11 屋顶 135
| 7.12 山墙 150
| 7.13 柱 159
| 7.14 梁 186
| 7.15 结构交接 195
| 7.16 檐部结构 220
| 7.17 门 225
| 7.18 窗 240
| 7.19 雀替 245
| 7.20 围栏、垂带石 253
| 7.21 罩、横披 261
| 7.22 檐板 263
| 7.23 木雕 265
| 7.24 石雕 269
| 7.25 砖雕 275
| 7.26 陶塑 279
| 7.27 灰塑 281
| 7.28 壁画 283
| 7.29 书法 288
| 参考文献 290
| 后记 292

1 佛山祠庙建筑概述

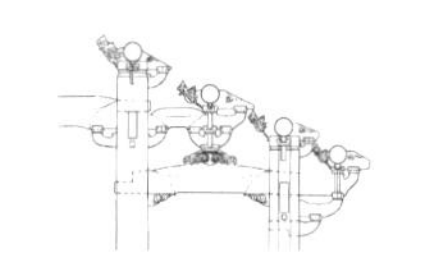

佛山位于广东省中南部、珠江三角洲腹地，地理位置优越（图1-1），原名季华乡，“肇迹于晋，得名于唐”，是中国的历史文化名城。

佛山地处平原地带，地势自西北向东南倾斜，临近海洋，地理环境优越，土地肥沃。其位于珠江口附近而且地处珠江三角洲中部河网区，河流纵横交错。珠江水系中的西江、北江及其支流贯穿全境。该地区属亚热带季风性湿润气候，气候温和，雨量充沛，四季如春。

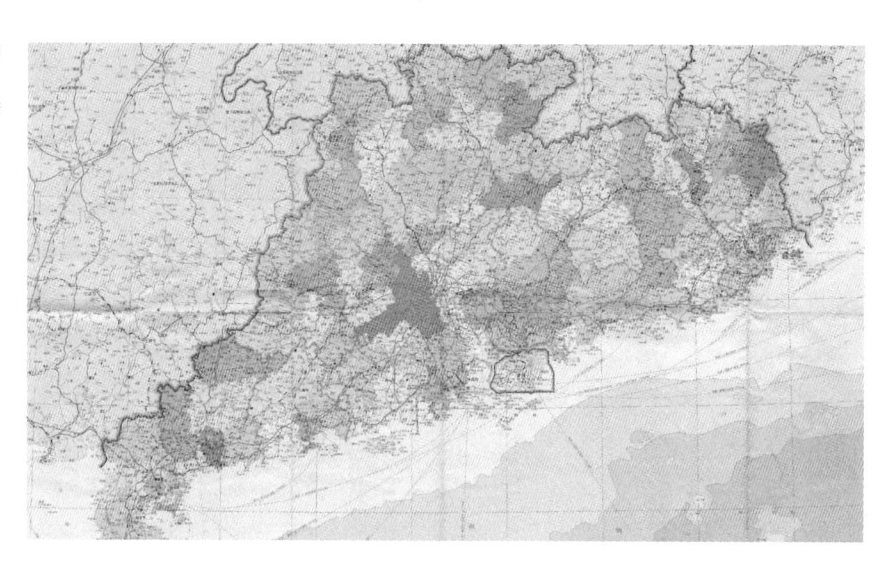

图1-1 佛山市区位图（深色范围为佛山市）图片来源：作者绘，参考《广东省地图》

距今约4500~5500年前的新石器时代，百越先民沿西江、北江到佛山的河宕地区繁衍生息，开创了原始的渔耕和制陶文明。

几千年来，佛山一直是岭南文化与广府文化的核心地带，人文荟萃，积淀深厚。唐宋年间，佛山的手工业、商业和文化已鼎盛南国。明清时期更与江西的景德镇、湖北的汉口镇、河南的朱仙镇并称中国四大名镇，与北京、苏州、汉口并称天下“四大聚”。明清时期佛山有辉煌的陶瓷业、铸造业、纺织业和中成药业，有着粤剧之乡、武术之乡、南国陶都、南方铸造中心、岭南成药之乡、广纱中心、民间艺术之乡等美誉，形成了“秋色”、“行通济”等独特习俗。佛山狮头、佛山扎作和佛山灯色工艺名扬海外，是中国南狮的发源地，有“狮王之王”之美誉。清末，佛山又成为中国近代民族工业的发源地之一，先后诞生了中国第一家新式缫丝厂、南洋兄弟烟草公司、第一家火柴厂、竹嘴厂等民族企业。佛山是广东省历史上产生状元最多的城市，还曾产生过康有为、詹天佑、吴趼人、伦文叙、戴鸿慈、谭平山等名人。

本书中“佛山”所指的地域范围，是指包括禅城区、南海区、顺德区、三水区和高明区五区的佛山地区范围。

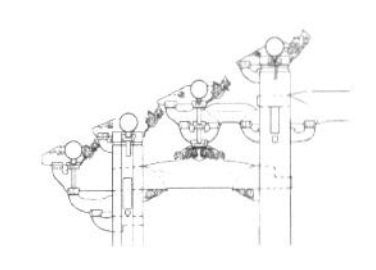

书中探讨的祠庙建筑是祠堂建筑与宗教建筑（仅包括佛教建筑、道教建筑、儒教建筑和民间信仰建筑）的统称。

本书研究的祠庙建筑的时间范围，是指中华人民共和国建国（1949）以前历代（包括民国）的祠庙建筑，包括新中国成立后维修过的祠庙建筑，但不包括新中国成立后重建的祠庙建筑。

本书中的祠庙建筑分期如下：

明代分期：

前期：洪武—宣德（1368—1435）

中期：正统—隆庆（1436—1572）

后期：万历—崇祯（1573—1644）

清代分期：

前期：天聪—雍正（1644—1735）

中期：乾隆—道光（1736—1850）

后期：咸丰—宣统（1851—1911）

2 佛山重要祠庙建筑现状

≫ 重要庙宇建筑

≫ 重要祠堂建筑

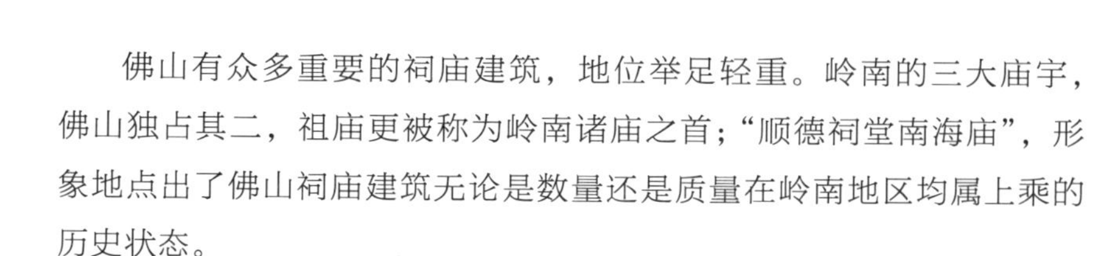

佛山有众多重要的祠庙建筑，地位举足轻重。岭南的三大庙宇，佛山独占其二，祖庙更被称为岭南诸庙之首；“顺德祠堂南海庙”，形象地点出了佛山祠庙建筑无论是数量还是质量在岭南地区均属上乘的历史状态。

佛山五区——禅城区、南海区、顺德区、三水区、高明区的祠庙建筑地图，见第七章附图。

2.1 重要庙宇建筑

（1）佛山祖庙（禅城区祖庙街道祖庙路，明洪武五年·1372）（图 2-1 ~图 2-3）

佛山祖庙原名北帝庙，始建于北宋元丰年间（1078 ~ 1085 年），“以历岁久远，且为诸庙首”，所以称为祖庙。原建筑在元末失火焚毁，明洪武五年（1372）重建。景泰年间，黄萧养农民起义军进攻佛山失败后，明王朝敕封该庙为灵应祠，所以又称“灵应祠”。

祖庙自明初重建后，历经 20 多次重修扩建，成为一座结构严谨、雄伟壮观，颇具地方特色的庙宇建筑，清光绪二十五年（1899）曾重修，保存完好至今，是全国重点文物保护单位。

祖庙建筑群占地面积 3500 平方米，是明洪武五年以后 400 多年间逐

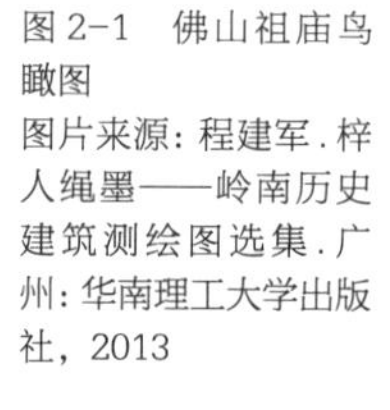

图 2-1　佛山祖庙鸟瞰图
图片来源：程建军.梓人绳墨——岭南历史建筑测绘图选集.广州：华南理工大学出版社，2013

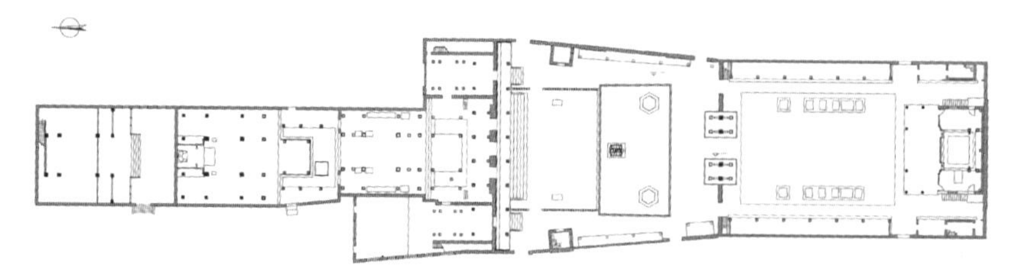

图 2-2　佛山祖庙庆真楼（左）、灵应祠、锦香池、灵应牌坊、万福台（右）平面图
图片来源：佛山市祖庙博物馆提供

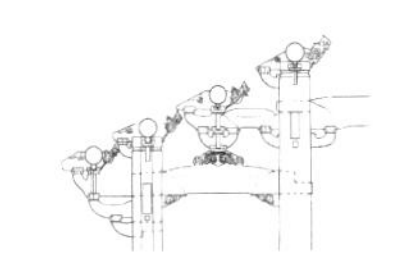

渐扩建而成的。由南北向中轴线统领的万福台、灵应牌坊、锦香池、钟鼓楼、三门、前殿、大殿、庆真楼等建筑物组成，崇正社学、灵应祠、忠义流芳祠三座建筑物的正门联建在一起，称为祖庙“三门”。

图 2-3 佛山祖庙庆真楼（右）、灵应祠、锦香池、灵应牌坊、万福台（左）中轴线剖面图
图片来源：佛山市祖庙博物馆提供

（2）胥江祖庙（芦苞祖庙，真武庙）（三水区芦苞镇，清嘉庆十三年至光绪十四年·1808 ～ 1888）（图 2-4 ～图 2-6）

佛山祖庙、德庆龙母祖庙和胥江祖庙，并称广东省最有影响的三大古庙。

胥江即现在的芦苞涌，胥江祖庙又称芦苞祖庙，因主要是供奉北帝（北方真武玄天上帝），故也称真武庙。胥江祖庙在三水区芦苞镇东北郊龙坡山（又名华山）麓，始建于南宋嘉定年间（1208-1224）[①]，历经元、明、清各代多次修葺、重建。据程建军教授在《三水胥江祖庙》一书中的观点，现存的武当行宫为清光绪十四年（1888）重建，但保留了嘉庆十三年（1808）的部分构件，普陀行宫则较多保留了咸丰二年（1852）及咸丰三年（1853）的主体构架。嘉庆十三年至十四年（1808 ～ 1809）和光绪十四年（1888）重修。自光绪后，胥江祖庙多年失修，庙前牌坊、照壁、庙侧“景福戏台”等已毁，原庙内神龛神像及一应祭祀器具亦已无存[②]。现存最早的遗物有元明的石狮子与柱础遗构等。1982 年起修复，1985 年重建文昌庙，1989 年公布为省级文物保护单位。

胥江祖庙由三组并列的建筑物组成，包括北座观音庙、中座（主体）武当行宫以及清嘉庆年间加筑、1985 年重建的南座文昌宫。

（3）真武庙（大神庙）（顺德区容桂街道外村二街，明万历辛巳·1581）

真武庙俗称大神庙，位于容桂街道外村二街，背倚狮山。始建年代不详，据现存文献记录，明正德年间（1505—1520）塌毁，万历辛巳（1581）重建，清康熙年间（1662—1722）、嘉庆甲戌（1814）等多次重修。1989 年、2014 年重修。现为省级文物保护单位。

① 一说为南宋嘉定四年（1211）。

② 据历史记载，清康熙九年（1670）及清乾隆五年（1740）先后两次发生大火；民国 12 年（1923）粤军余汉谋部推倒北帝像，取去金胆银心，将北帝像投置青江河畔；民国 32 年（1943）日军侵占芦苞，原“百步梯”等景点尽遭破坏；民国 36 年（1947）洪水决堤，庙前照壁及门楼全部冲毁；1952 年，当地干部把文昌庙拆毁；1966 年破坏几尽。

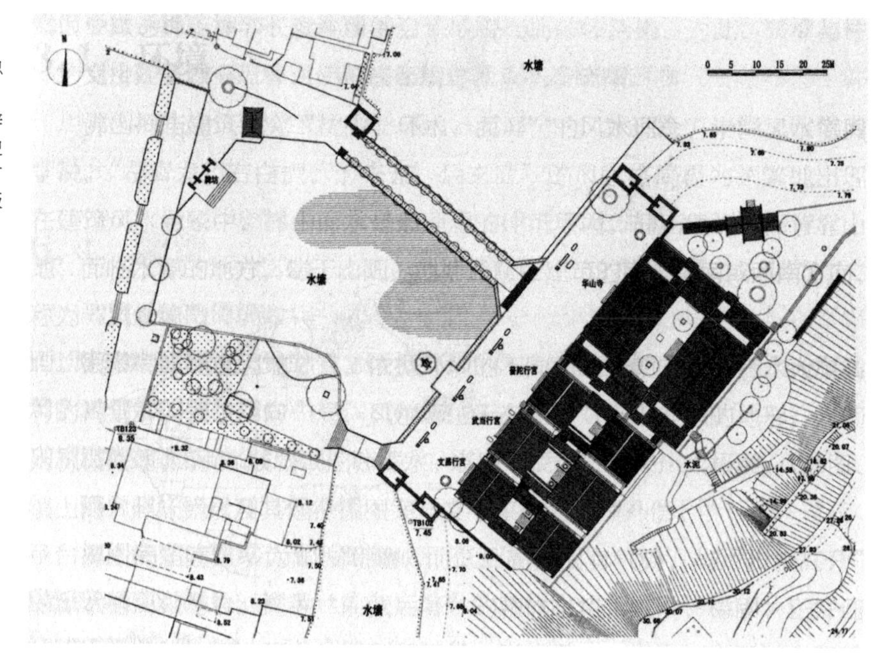

图 2-4　胥江祖庙总平面图
图片来源：程建军. 梓人绳墨——岭南历史建筑测绘图选集. 广州：华南理工大学出版社，2013

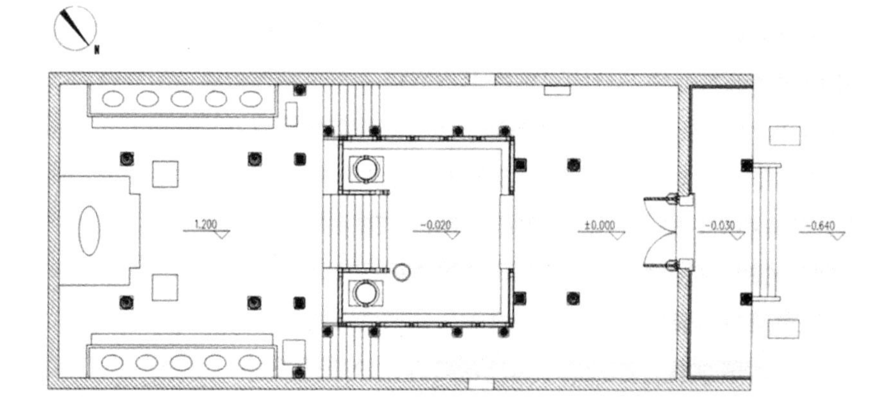

图 2-5　胥江祖庙武当行宫平面图
图片来源：见参考文献[5]

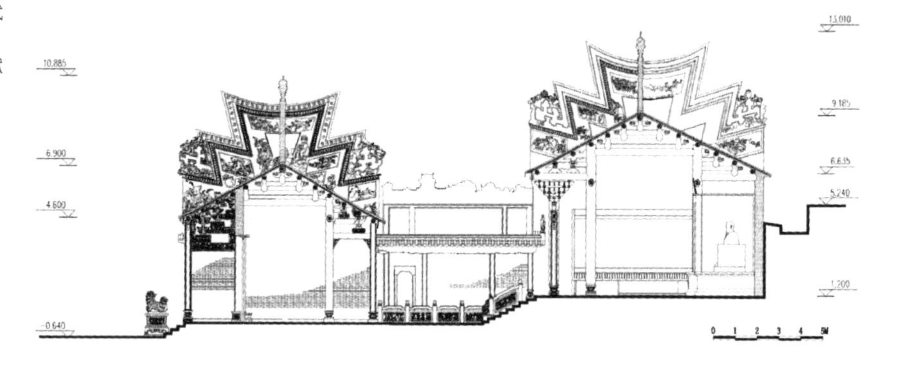

图 2-6　胥江祖庙武当行宫横剖面图
图片来源：见参考文献[5]

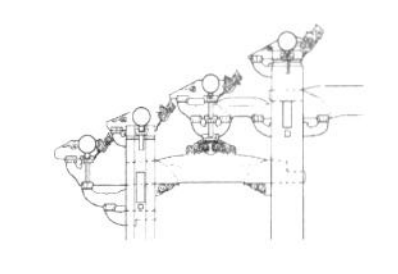

庙三进，通面阔[①]三间，占地面积约400平方米。

（4）云泉仙馆（攻玉楼）（南海区西樵山白云洞，清光绪三十四年·1908）

云泉仙馆在西樵镇“白云峰”西北麓。“云泉仙馆”原名“攻玉楼”，因馆内有“小云泉”故称“云泉仙馆”，是清乾隆四十二年（1777）南海石岗乡李攻玉创建，道光二十八年（1848）扩建为云泉仙馆，咸丰八年（1858）竣工，光绪三十四年（1908）重建，1958年小修。

云泉仙馆依山而建，坐东南向西北，四周林木葱茏，蝉鸣清脆，“攻玉听蝉”为西樵一景。云泉仙馆为两进，歇山顶，主要建筑有前殿、大殿、钟鼓台，附属建筑有墨庄、祖堂、帝亲殿、自在楼、倚红楼、邯郸别邸等。

（5）西山庙（关帝庙）古建筑群（顺德区大良街道西山东麓，明嘉靖二十年·1541）

西山庙位于大良街道西山东麓，原名关帝庙，因建于顺德西山（凤山）麓上，故又名“西山庙”，始建于明嘉靖二十年（1541），历代均有重修扩建，现为清光绪年间（1875—1908）重修格局。据传，顺德建县初期，于明代天顺八年（1464）修筑墙垣，凿山出土一大刀，堪舆家谓不利于西，不宜设西门，可建关帝庙镇之。嘉靖二十年（1541）士民遂于现址建关帝庙，奉刀庙中。西山庙古建筑群包括西山庙、三元宫与碑廊等，1985年重修，2002年公布为省级文物保护单位。

西山庙坐西南向东北，面积约6000平方米，主体建筑分山门、前殿、正殿三部分。其依山构筑，布局完整，山门宏丽，殿宇庄严，且历史上凤城八景中之“凤岭朝晖”、“鹿径榕阴”、“万松鹤舞”三个景区均依连于此，因此成为聚凤山灵秀的风景名胜。

（6）西南武庙（三水区西南镇岭海路，清嘉庆十三年·1808）

西南武庙又称关帝庙，坐落在西南镇岭海路，为西南镇规模最大、保存最完整的庙宇建筑。始建于清嘉庆十三年（1808），由西南镇各行业集资兴建，道光二十四年（1844）、道光二十八年（1848）、光绪十五年（1889）、民国6年（1917）都曾修葺或扩建。

西南武庙呈清道光二十八年（1848）重修后面貌，坐北向南，三间三进，建筑面积900平方米。原有的山门已被拆毁（仍保留镬耳山墙遗迹），戏台、地堂、庙前长廊、神龛神像、祭祀器具等俱已无存，石牌坊、前殿、

① 面阔（通面阔）：一间的宽度称为面阔。整个建筑物各间面阔的总和，即前面或背面两角柱中心线间的距离称通面阔，有时亦简称面阔。

聚宝阁、拜亭[1]、后殿等主体建筑尚保存完好。

（7）芦苞关帝庙（武帝庙，关夫子庙）（三水区芦苞镇，清嘉庆初年·约1797）

芦苞关帝庙又称武帝庙、关夫子庙，位于芦苞镇内，始建于清嘉庆初年（约1797），光绪乙未（1895）、民国初年、2002年重修。庙内供奉关圣帝君（关羽），建筑风格与胥江祖庙相仿。朝拜关帝庙是当年武当朝拜过程中重要的一环。2006年公布为市级文物保护单位。

关帝庙坐北向南，原占地面积约250亩（16.7公顷），三间两进。

（8）孔庙（佛山祖庙，清宣统三年·1911）

佛山孔庙是本地一批尊孔士绅集资兴建的，旧称尊孔会，始建于清宣统二年（1910），次年（1911）落成。原建筑群并无依据一般文庙之制，占地约2000平方米，包括孔圣殿、会客厅、治事室、亭子及花园等。1938年日军占领佛山时，除孔圣殿保存外，其余建筑物毁坏殆尽。1956年修缮孔圣殿，划入祖庙公园范围，1958年孔庙范围一再缩小，“文化大革命”期间被废置。1981年“孔圣殿”修葺复原，1984年定为市级文物保护单位。

现存孔圣殿高大宏伟，坐东南向西北，建筑面积近300平方米，三间三进。

（9）字祖庙（云溪书院，樵园）（南海区西樵山白云洞，清乾隆四十二年·1777）

字祖庙位于西樵山白云洞“白云古寺”右侧。该庙于清乾隆四十二年（1777）由简村堡二十七户文会捐资创建，原名“云溪书院”。道光十九年（1839）重修后，改为奉祀仓颉的“字祖庙”。

字祖庙三间两进，总面积约496平方米。

2.2 重要祠堂建筑

（1）石头霍氏家庙祠堂群（石头霍氏大宗祠）（禅城石湾澜石石头村，明嘉靖四年·1525）（图2-7）

霍氏家庙祠堂群位于禅城石湾澜石石头村，始建于明嘉靖四年（1525），清嘉庆年间（1796—1820）重修。霍氏家庙祠堂群是一组五路并列的三间三进祠堂群落，从左至右依次为霍勉斋公家庙、椿林霍公祠、霍氏家庙、霍文敏公家庙（石头书院）和荫苗纪德堂，占地面积2484平方米，祠前

[1] 广东大型传统礼制建筑中轴线上的构筑物，用作拜见和迎接宾客的亭。通常位于中堂前，增强了建筑的序列感，并拓展了中堂的使用空间，且能遮风避雨。有的做成重檐形式，突出于群体建筑之中。

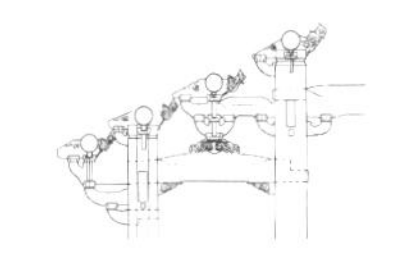

有宽阔广场，祠与祠之间为青云巷，共带5条青云巷。整个建筑群气势恢宏，庄严规整，是禅城区现存规模最大、保存最完好的祠堂群。现为省级文物保护单位。

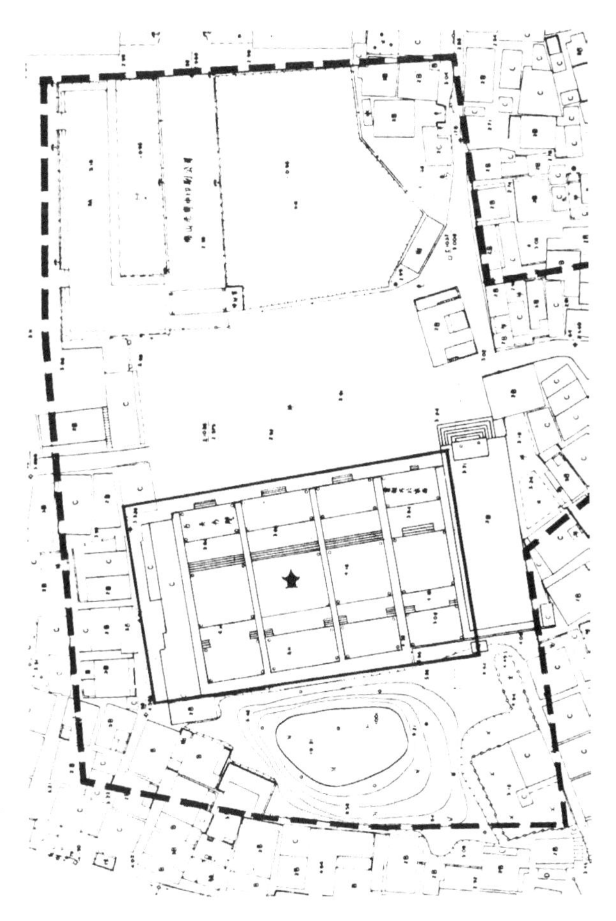

图2-7 石头霍氏家庙祠堂群总平面图
图片来源：佛山市建设委员会，西安建筑科技大学，佛山市城乡规划处．佛山市历史文化名城保护规划，1996

据光绪《石头霍氏族谱》记载，椿林霍公祠和霍氏家庙为霍氏始迁祖及二世祖的祠堂。石头书院，为霍氏族人读书之所。第六代人霍韬，于明正德九年（1514）会试第一，明嘉靖时官至礼部尚书，其子霍与瑕亦考取进士，霍勉斋公家庙即为其祠堂。

建筑群以霍勉斋公家庙和椿林霍公祠形制、用材最古，荫苗纪德堂形制、用材最新。建筑群建筑形式一致，椿林霍公祠和霍氏家庙略高大，左右边路的建筑规模及装饰均逊于椿林霍公祠和霍氏家庙。

（2）兆祥黄公祠（禅城区福宁路，民国9年·1920）（图2-8、图2-9）

兆祥黄公祠是著名中成药“黄祥华如意油”始创人黄大年的生祠，建于民国9年（1920），地址在福宁路，按清代祠堂形制修建。是目前禅城区规模最大、保持最完整、装饰最华丽的祠堂之一。门堂于1988年局部被损毁，其余建筑物保存完好，现为省级文物保护单位。

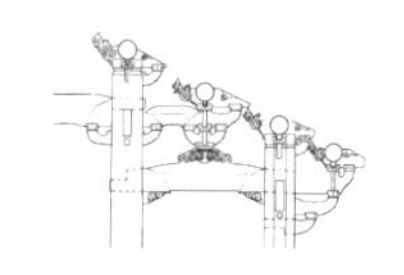

该祠气魄宏大，精巧独到，在当地祠堂建筑中极具代表性。主体建筑坐西向东，三路四进三开间，占地面积约3000平方米，由中轴线上排列的门堂、拜亭、前殿、正殿、后殿等组成，南北两侧附有厢房，以左右青云巷相间。

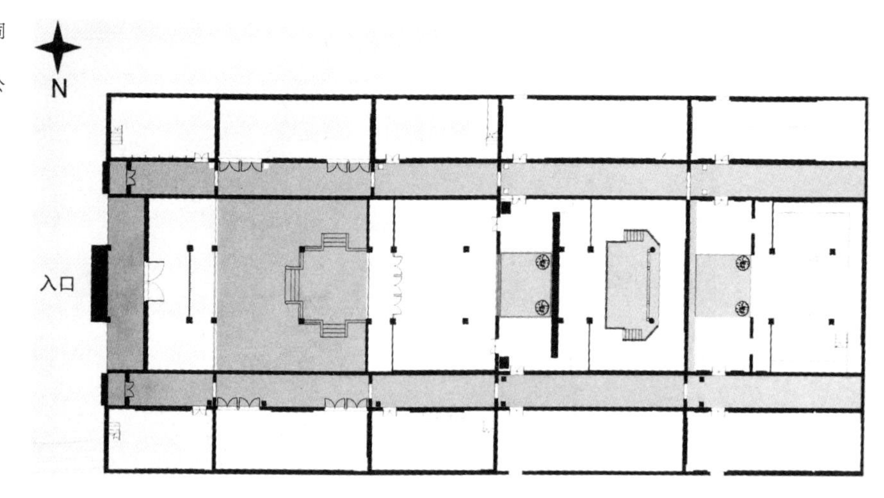

图2-8 兆祥黄公祠平面图
图片来源:《兆祥黄公祠导游图》

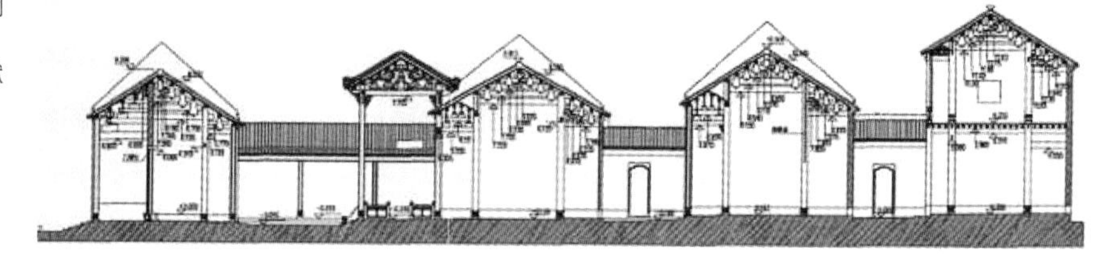

图2-9 兆祥黄公祠正剖面图
图片来源:见参考文献[9]

(3)沙头崔氏宗祠(五凤楼，山南祠，崔氏始祖祠)(南海区沙头镇，明嘉靖四年·1525)(图2-10)

沙头崔氏宗祠又名五凤楼、山南祠，位于沙头镇。始建于明嘉靖四年(1525)，清乾隆四年(1739)、嘉庆二年(1797)、咸丰七年(1857)、光绪十九年(1893)、1985年重修。门堂为乾隆四年(1739)建，三个牌坊为光绪十九年(1739)建。该祠为省文物保护单位。

祠堂原为四进，纵深达100米，总面积约2000平方米，内有大小堂室16间，楼阁3个，计108个门口。几经拆改，目前仅存门堂、石牌坊及厢房。

(4)曹边曹氏大宗祠(南雄祖祠)(南海区大沥镇曹边村，明崇祯九年·1636)

曹边曹氏大宗祠又名南雄祖祠，位于大沥镇曹边村北坊，始建于明代中期，明崇祯九年(1636)重建，清光绪十七年(1891)、2004年重修，现为省级文物保护单位。

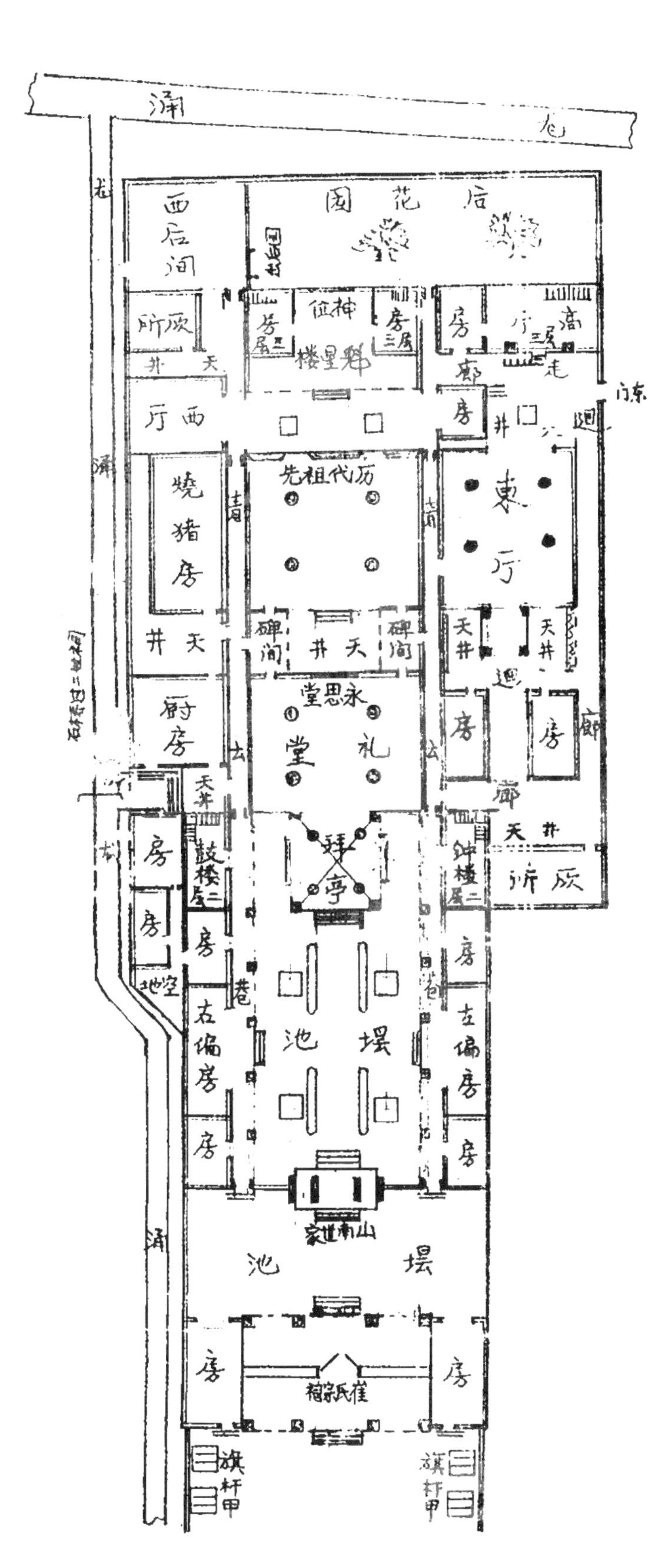

图 2-10 沙头崔氏宗祠复原平面图
图片来源：崔永传先生提供

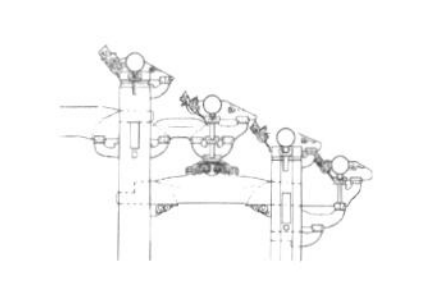

曹氏大宗祠坐南向北，三进，通面阔 12.6 米，通进深[1]38.6 米，高 7.25 米，建筑占地 486 平方米。

（5）平地黄氏大宗祠（南海区大沥镇平地村，明）

平地黄氏大宗祠位于南海区大沥镇平地村，始建于明代，清乾隆乙亥年（1755）迁建，嘉庆年间重修。门堂石额上款“乾隆岁次乙亥（1755）季冬吉旦”，另《平地黄氏家谱》载“建自乾隆二十年（1755）岁次”。民国 4 年（1915）西路衬祠被水灾冲毁，民国 6 年（1917）重建西花厅。现为省级文物保护单位。

大宗祠为三路三进三开间，左右衬祠两层高，占地面积 1000 平方米，通面阔 29.84 米，通进深 45 米，首进院落有钟鼓楼。

（6）逢简刘氏大宗祠（影堂）（顺德区杏坛镇逢简村，明永乐十三年·1415）

逢简刘氏大宗祠即“影堂”，位于杏坛镇逢简村，明永乐十三年（1415）刘氏五世祖刘观成松溪公“始率族建祠”，“祠其堂影堂而光大之，用以妥先灵而永言孝思”，天启元年（1621）后人兰谷公又组织族人重修祠堂，“并治门楼之”[2]。通过增加衬祠、后楼、拜亭等建筑，扩建东西钟鼓二楼及周边楼阁，形成现状的格局。嘉庆年间（1796—1820）、2002 年均有重修。为少见的明代五开间祠堂，现为省级文物保护单位。

刘氏大宗祠坐北向南，占地面积 1900 多平方米，三路三进五开间，通面阔 32 米，中路面阔 19 米，通进深 59.6 米，两边有衬祠、青云巷，东西有钟鼓楼，中路有月台[3]。

（7）桃村报功祠古建筑群（顺德区北滘镇桃村，明天顺四年·1460）

桃村报功祠古建筑群位于北滘镇桃村，包括桃村报功祠、金紫名宗（光泽堂，黎氏宗祠）、黎氏三世祠、桃村水月宫（观音庙）等建筑。其中报功祠有清晰的年代记录。现为省级文物保护单位。

报功祠为明天顺四年（1460）建，清康熙四十三年（1704）、嘉庆八年（1803）、道光十九年（1839）、光绪八年（1882）、民国丁亥年（1947）多次重修。现状后堂梁架形制古朴，应为天顺四年（1460）的原构。祠三进，后面附加一进民居。

金紫名宗，又名光泽堂、黎氏宗祠，位于北滘镇桃村，建于清乾隆戊

① 进深（通进深）：间的深度称为进深。各间进深的总和，即前后角柱中心线间的距离称通进深，有时亦简称进深。

② 《逢简南乡·刘追远堂族谱·重修祠堂记》。

③ 在古建筑上，正房、正殿突出连着前阶的平台叫“月台”。月台是该建筑物的基础，也是它的组成部分。由于此类平台宽敞而通透，一般前无遮拦，故是看月亮的好地方，也就成了赏月之台。

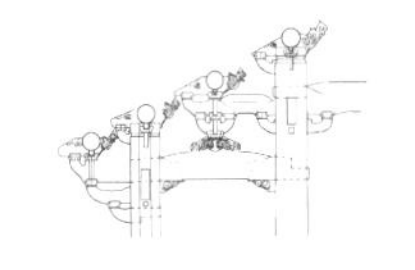

戌年（1778）。据传起源于南宋，形制古朴。金紫名宗三路三进三开间，两边带衬楼。

黎氏三世祠明代建筑特征明显，但保存现状欠佳。祠现存两进。

（8）碧江尊明苏公祠（尊明祠）（顺德区北滘镇碧江居委，明嘉靖间·1522—1566）

碧江尊明苏公祠堂号“兹德堂”，位于顺德区北滘镇碧江居委泰兴大街，是一座始建于明代末年的祠堂，为十七世孙苏日德（苏云程），以其五品官员身份为其先祖苏祉所建，村里人习惯称之为“五间祠”。尊明苏公祠是顺德地区现存为数不多的五开间祠堂中规模最大、形制最古朴、历史最悠久的一座，2008年公布为省级文物保护单位。

尊明苏公祠原为三进五开间，现状仅剩下两进主要建筑——门堂和中堂。后堂在20世纪四五十年代倒塌后未被修复，仅存红砂岩地台基石，后庭及侧廊损毁。

（9）沙边何氏大宗祠（厚本堂）（顺德区乐从镇水腾沙边村，明晚期·1573—1644）

沙边何氏大宗祠，又名厚本堂，位于乐从镇水腾沙边村八坊。始建于明代，康熙四十九年（1710）、同治二年（1863）重修。民国初年厚本堂刊印的《何氏事略全卷》载：“今览旧谱，则前人亦几费经营矣，其始建何时无可考，惟载重修始于康熙四十九年（1710）。”据该祠现存的建筑形制、构件用材、装饰工艺等，如门堂上盖之斗栱、红砂岩柱、红砂岩华板饰件等进行考证，应属晚明遗物。据此，该祠的始建年代应不迟于晚明，而其后座及两廊等，则为清代重修之物。2003年重修砖雕。该祠历史悠久，保留原有形制较为完善，装饰精美。该祠是岭南明清祠堂的重要代表作，2002年公布为省文物保护单位。

大宗祠坐南向北，占地面积900平方米，是一路三进三开间祠堂，通面阔16.2米，通进深48.9米。主体建筑外有后楼。

（10）右滩黄氏大宗祠（顺德区杏坛镇右滩村石滩村，明末·1572—1644）（图2-11）

右滩黄氏大宗祠位于杏坛镇右滩村石滩村，建于明末，是明代状元黄士俊家族祠堂，是杏坛现有面积最大的祠堂。历经重修，各时期建筑风格均有保留，现为省级文物保护单位。

大宗祠占地面积1614平方米，三进五开间，后院有两亭子，博古山墙，博古脊。其建筑设计大气简洁，雄浑敦厚。

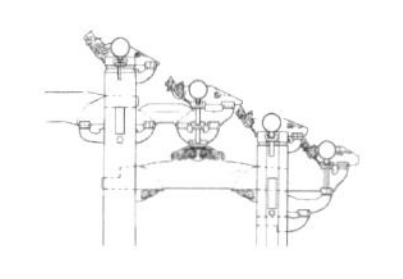

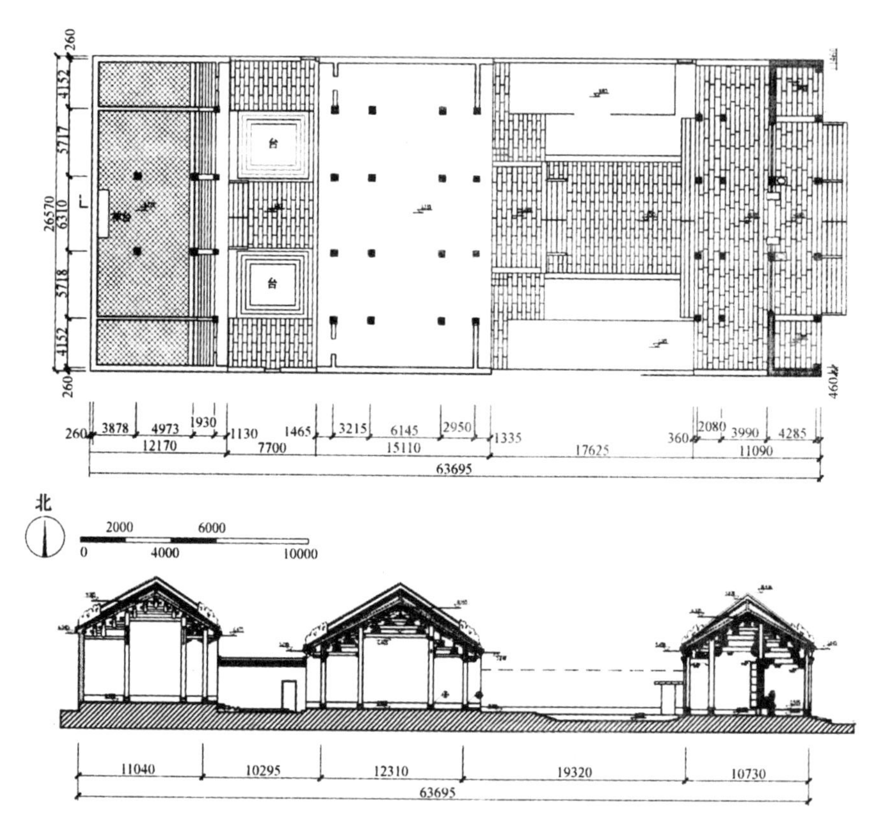

图 2-11　右滩黄氏大宗祠平面图与剖面图
图片来源：见参考文献[9]

（11）华西察院陈公祠（顺德区龙江镇新华西村北华村，清同治十一年·1873）

华西察院陈公祠位于龙江镇新华西村北华村，重修于清同治十一年（1873）。现为省级文物保护单位。祠三间三进，左右带青云巷。

（12）仓门梅庄欧阳公祠（顺德区均安镇仓门居委，清光绪八年·1882）

梅庄欧阳公祠位于顺德区均安镇仓门居委，始建于明天启年间（1620—1626），清光绪八年（1882）重建。现为省级文物保护单位。

该祠坐南向北，三间两进带一右路衬祠，左右带青云巷，主体建筑后带一后楼。总面积 992 平方米，中路面阔 14.1 米，通进深 43.5 米。

（13）碧江村心祠堂群与慕堂苏公祠（顺德区北滘镇碧江居委，清光绪戊戌·1898）（图 2-12）

碧江村心祠堂群位于北滘镇碧江居委，始建于清道光年间（1821—1850）。碧江村在抗日战争前仅苏赵两姓祠堂就超过 200 座。[10]《顺德文丛（第三辑）·顺德祠堂》“附录一”中根据族谱资料列举了碧江村祠堂历史上存在过的祠堂总共为 97 处，现存 23 处。[39] 碧江村心祠堂群是省级文物保护单位金楼及古建筑群的重要组成部分。

碧江慕堂苏公祠是碧江村心祠堂群的代表建筑，清光绪戊戌年（1898）

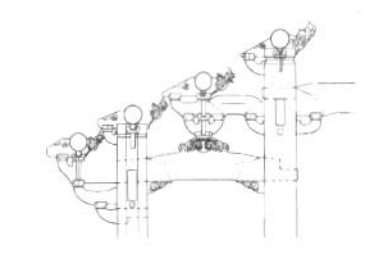

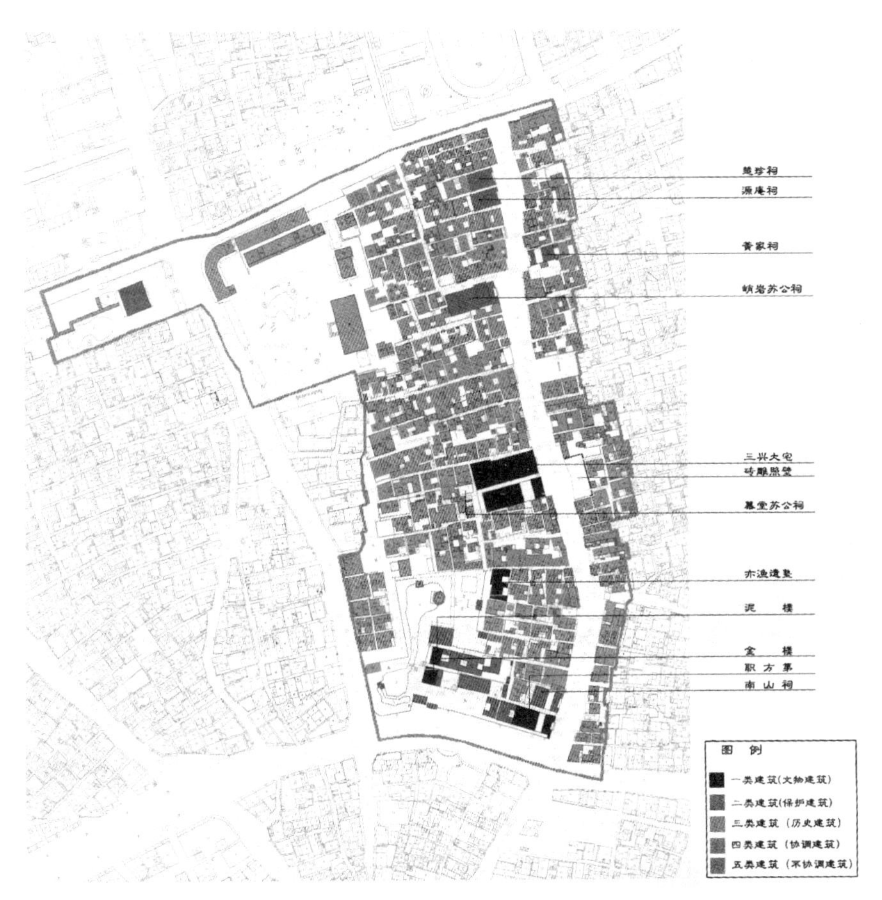

图 2-12　碧江村心祠堂群总平面图
图片来源：见参考文献[37]

始建，是佛山地区现存两座有一字形砖照壁[①]的祠堂之一[②]，且其照壁最为精美。祠坐西向东，三进，通进深 39.6 米，面阔三间，通面阔 12.4 米，占地面积 491 平方米

（14）沙滘陈氏大宗祠（本仁堂）（顺德乐从沙滘村，清光绪二十六年·1900）（图 2-13）

陈氏大宗祠即沙滘陈氏本仁堂，位于顺德乐从沙滘村东村内，始建于清光绪二十一年（1895），竣工于光绪二十六年庚子年（1900）。该祠是清晚期大型祠堂的代表作，规模宏大，装饰手法多样、工艺精致。据传该祠由当地陈姓子孙集资兴建，仿广州市陈氏书院规模格式，是顺德区目前规模最大、保存原貌最好的祠堂，可称为岭南的陈氏第二宗祠了。现为省级文物保护单位。

① 照壁是设立在一组建筑院落大门的里面、外面的墙壁，起到屏障的作用。在广府祠堂建筑中，照壁是指正对建筑院落的大门，和大门有一定距离的一堵墙壁，既起着围合祠前广场、加强建筑群气势的作用，又起着增强建筑本身层次感的作用。

② 另一祠堂为高明区罗岸罗氏大宗祠。

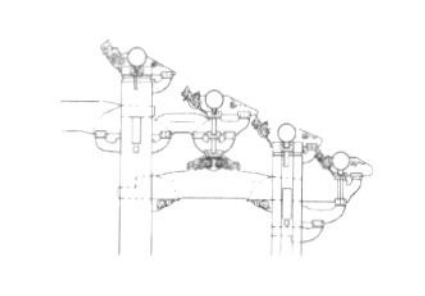

祠堂规模宏大，三路三进五开间，占地面积 4000 多平方米，主体建筑面积 3770 平方米。两旁有衬祠，左右两边各带两条青云巷，共四条青云巷。通面阔 47 米，通进深 80.2 米，大、小、正、横、侧门 18 个。中路建筑单体面阔五间，进深三间。

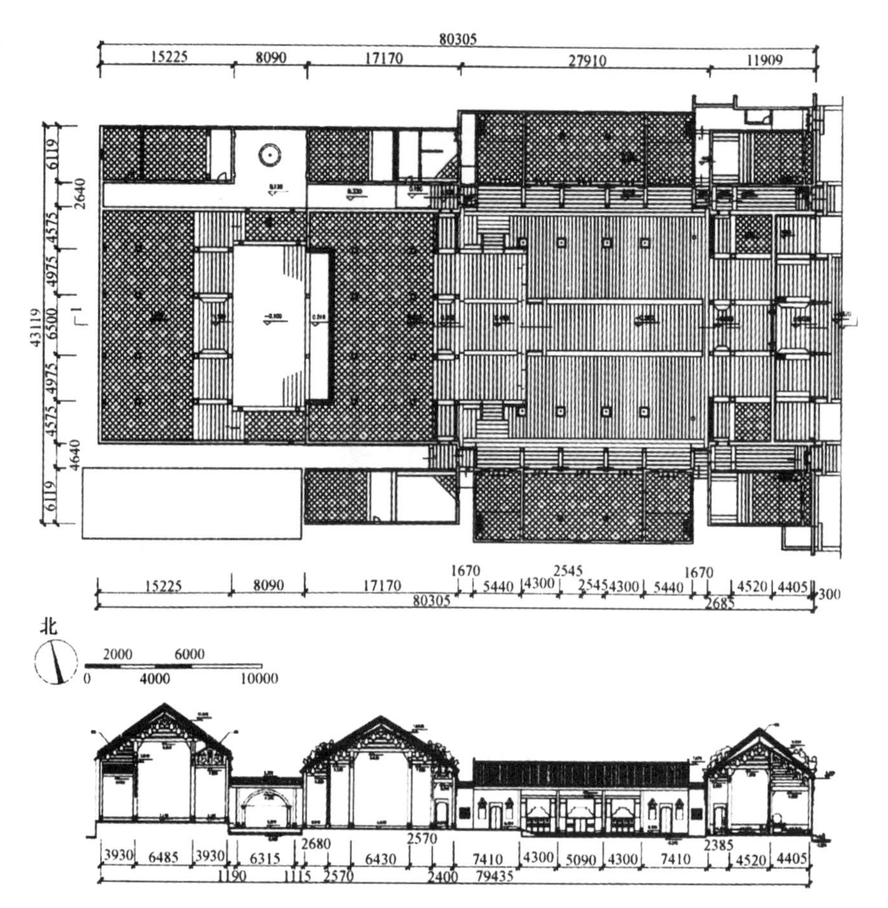

图 2-13　沙滘陈氏大宗祠平面图与剖面图
图片来源：见参考文献[9]

（15）七甫陈氏宗祠（南海区狮山官窑七甫村，明弘治十二年·1499）

七甫陈氏宗祠在南海区狮山官窑镇七甫村铁网坊。始建于明弘治十二年（1499），清乾隆五十八年（1793）重修。相传明弘治年间，举人陈度在江苏省直隶县任知县，平定匪乱有功，告老还乡，皇上加赐赠金钱给他回乡建此祠。现为市级文物保护单位。

该祠现状坐西向东，三进，通面阔 11.6 米，通进深 36.4 米，总面积 472.24 平方米，格局较为完整。

（16）大镇“朝议世家”邝公祠（南海区大沥大镇村，明隆庆与万历年间·1568—1580）

“朝议世家”邝公祠位于大沥镇大镇村，为奉祀二世祖谚公的祠堂，始建于宋度宗咸淳四年（1268），明代重建。《（乾隆）南海县志》卷

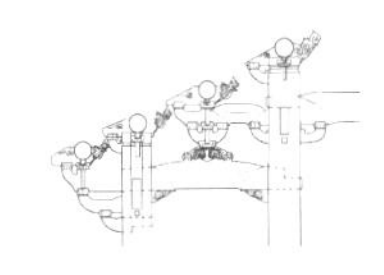

十三·古迹志·家庙记载:“邝氏宗祠……为宋朝朝议大夫邝德茂建，右佥都御使庞尚鹏题”。《明史·卷二百二十七·列传一百十五》提到庞尚鹏于明隆庆二年（1568）任右佥都御史，隆庆四年（1570）“斥为民”。庞尚鹏卒于1580年，故该祠的重建时间很可能在明隆庆至万历年间（1568—1580）。[39] 现为市级文物保护单位。

该祠具有明显的广府地区明代建筑特征，祠三进五开间。

（17）杏坛镇苏氏大宗祠（顺德区杏坛镇大街，明万历间·1573-1620）

杏坛镇苏氏大宗祠位于杏坛镇大街。《重修苏氏大宗祠碑记》载:“大宗祠始建于万历年间（1573—1620）”，清代重修，后堂为2010年复建。从整座结构来看，门堂、中堂均属明代风格，后堂上盖为清代风格，是顺德少见的明代祠堂，现为市级文物保护单位。

大宗祠坐北向南，三进五开间，通面阔15.25米，通进深29.38米。

（18）路州黎氏大宗祠（顺德区乐从镇路州村，明朝崇祯庚辰·1630）

路州黎氏大宗祠即庆余堂，位于乐从镇路州村东头坊。据碑刻所述，建于明朝崇祯庚辰（1630）仲夏,清同治六年（1867）和宣统元年（1909）重修，至今仍保存得较完整。现为市级文物保护单位。

大宗祠坐西北向东南，三路三进三开间，带两侧青云巷，原带后楼，现已改。通面阔29米，通进深49米，占地面积1029平方米。

（19）大墩梁氏家庙（顺德区乐从镇大墩村，明崇祯年间·1627—1644始建，清光绪丁酉·1897扩建）

大墩梁氏家庙位于乐从镇大墩村金马坊玉堂里，是翰林院大学士梁衍泗兴建的家庙，始建于明崇祯年间（1627—1644），清光绪二十三年（1897）扩建，1991年、2009年维修。梁氏家庙是明崇祯皇帝为表彰梁衍泗的功绩，赐他出生所在地为“金马坊玉堂里”，并恩准他回乡兴建家庙。现为市级文物保护单位。

家庙坐西南向东北，三路三进三开间，两边带衬祠与青云巷，

（20）林头郑氏大宗祠（顺德北滘林头村，清康熙五十九年·1720）（图2-14、图2-15）

林头郑氏大宗祠位于顺德北滘林头村，始建于康熙五十九年（1720）。现为市级文物保护单位。

大宗祠原为三路三进五开间，现门堂已毁，两层高的衬祠仍在。

（21）昌教黎氏家庙（顺德区杏坛镇昌教村，清同治三年·1864或光绪五年·1879）（图2-14、图2-15）

昌教黎氏家庙位于杏坛镇昌教村。一说该祠与黎兆棠的故居同时兴建，

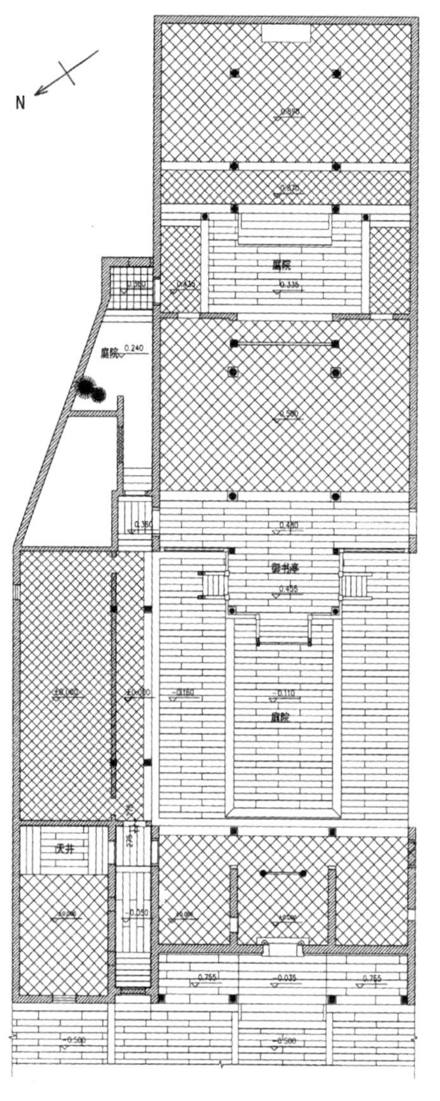

图 2-14　昌教黎氏家庙平面图
图片来源：见参考文献[5]

时间为清同治三年（1864）；一说为光绪五年（1879）。现为市级文物保护单位。

黎氏家庙坐东南向西北，占地面积 1155 平方米，三间三进，带右路建筑及右路青云巷，通面阔 21.8 米，中路面阔 14.3 米，通进深 53 米，有拜亭。

（22）上村李氏宗祠（顺德均安鹤峰上村，清光绪五年·1879）

上村李氏宗祠位于顺德均安鹤峰上村，是清代探花李文田家族的祠堂，始建于清光绪五年（1879），1989 年重修。现为市级文物保护单位。

宗祠坐西南向东北，占地面积 437 平方米，三间两进，带左右青云巷，中路面阔 13.8 米，进深 43.6 米。

（23）南浦李氏家庙（顺德均安南浦村，清光绪年间·1875—1908）

南浦李氏家庙位于顺德均安南浦村，建于清光绪年间（1875—1908）。现为市级文物保护单位。

李氏家庙坐东南向西北，占地面积 880 平方米，三路两进三开间，左右带衬祠及青云巷，中路面阔 28.1 米，通进深 31.3 米。

（24）赤东邝氏大宗祠（三水区乐平镇范湖片池赤东村，建于清光绪二十年·1894）

赤东邝氏大宗祠位于乐平镇范湖片池赤东村，建于清光绪二十年

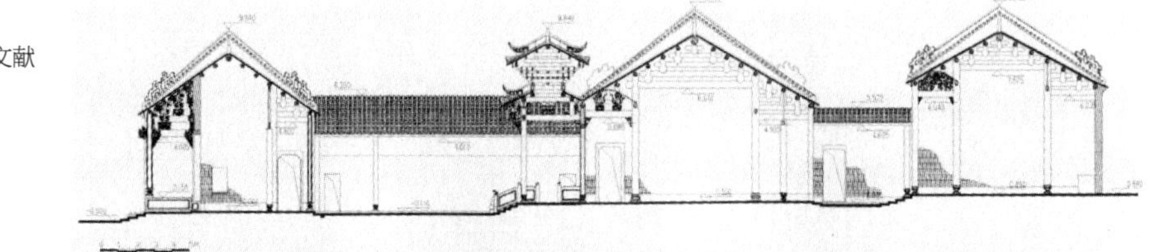

图 2-15　昌教黎氏家庙剖面图
图片来源：见参考文献[5]

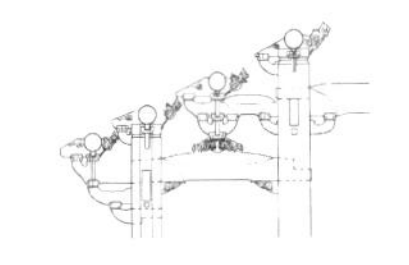

（1894）。现为市级文物保护单位。祠堂三路三进三开间，左右有衬祠及青云巷。

（25）西村陈氏大宗祠（三水区西南镇杨梅西村，清光绪三十四年·1908）

陈氏大宗祠坐落在三水区西南镇杨梅旧西村南面村口，是光绪三十四年（1908）该村孝廉陈梦日受乡中父老所托，参照广州陈家祠重修而成。现为市级文物保护单位。

祠堂坐西向东，宽达50米，深过60米，占地面积3000多平方米，三路三进三开间。

（26）大宜岗李氏生祠（绿堂私塾，绿堂）（三水区芦苞镇大宜岗村，清光绪年间·1875—1908）

大宜岗李氏生祠位于三水芦苞大宜岗村，建于清光绪年间（1875—1908），又称“绿堂私塾”或“绿堂”。现为市级文物保护单位。

李氏生祠坐西北向东南，建筑中西合璧，形如“蝙蝠起飞”。面积约720平方米。

（27）梁士诒生祠（三水区白泥镇冈头村，民国初年）

梁士诒生祠位于白泥镇冈头村，为梁士诒在民国初年兴建，集园林、祠堂和书舍于一身。现为市级文物保护单位。

生祠中路为坐西向东、一路两进三开间的祠堂。祠堂两侧的北园和南园吸取了中国传统建筑艺术的精华，又融入了西洋建筑的格调。北面是园林式庭院和“海天书屋”。南面为两层的小姐阁。

（28）仙涌朱氏始祖祠（顺德陈村仙涌村，明万历乙酉年·1585）

仙涌朱氏始祖祠位于顺德陈村仙涌村。《陈村朱氏族谱》载：“大明万历乙酉九月初八乙亥子时上，坐未向丑兼坤艮之原，距今四百余年历史，朱氏始祖祠，广东按察使司王今题书”。《守望陈村》载“明万历乙酉年（1585）为祀奉始祖朱堅而建，2006年重修”。朱氏始祖祠保留了明代祠堂建筑风格。

祠坐西南向东北，三路三进三开间带后花园，中路面阔14米，进深55.8米。

（29）小布何氏大宗祠（五庙）（顺德区乐从镇小布村，清光绪二十一年·1895）

小布何氏大宗祠又称“五庙”，位于乐从镇小布村，始建于明天顺四年（1460），清光绪二十一年（1895）重建成现状。

大宗祠坐西北向东南，占地面积974平方米，五路两进，两侧各带两路衬祠，通面阔32.8米，通进深29.7米，正面共有五个门口，故俗称“五庙”。

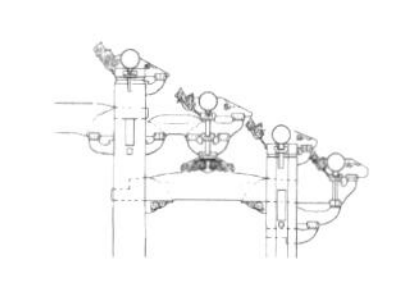

（30）大都岐周梁公祠（顺德区陈村镇大都村，中华民国26年·1937）

大都岐周梁公祠位于陈村镇大都村，是明万历年间（1572—1619）为纪念三世祖岐周公而建，中华民国26年（1937）重建。岐周梁公祠是具有中西建筑风格的民国祠堂建筑，大门形制较独特。

祠坐西南向东北，占地面积487平方米，三间三进，通面阔12.3米，通进深49.5米。

（31）独树岗蔡氏大宗祠（勗顺堂）（三水区芦苞镇独树岗村委会独树岗村，清光绪四年·1878）

独树岗蔡氏大宗祠（勗顺堂）位于芦苞镇独树岗村委会独树岗村南边，建于清光绪四年（1878），抗日战争期间，祠堂曾遭受破坏。

祠堂坐东南向西北，三路三进三开间，带两侧衬祠及青云巷，通面阔29.59米，中路面阔14.37米，进深42.6米。

（32）九水江陆氏大宗祠（三水区西南街道五顶岗村委九水江村，民国7年·1918）

九水江陆氏大宗祠位于西南街道五顶岗村委九水江村，重建于民国7年（1918）。大宗祠为三水区现存规模较大的祠堂。

大宗祠坐西向东，三路三进三开间，带左右衬祠及青云巷，通面阔24.45米，中路面阔13.19米，通进深42.29米。

（33）罗岸罗氏大宗祠（高明区荷城街道泰和村委会罗岸村，明代）

罗岸罗氏大宗祠位于荷城街道泰和村委会罗岸村南面，始建于明代，典型的明代建筑风格。祠坐东向西，原为三路三进三开间，现仅存门堂与后堂，通面阔23.53米，通进深49.8米，右有青云巷。

（34）龙湾林氏宗祠（高明区荷城街道范洲村委会龙湾村，清同治十年·1872）

龙湾林氏宗祠位于荷城街道范洲村委会龙湾村北面，始建于明成化年间（1464—1486）从新会石咀沙岗迁徙至此，于八世传嗣修建此祠，清同治十年（1872）重建，后多次修葺，1984年重修。

宗祠坐西向东，三路两进三开间，带左右衬祠，通面阔20.74米，通进深27.2米。

3 佛山祠庙建筑形制

环境

总体形制

单体形制

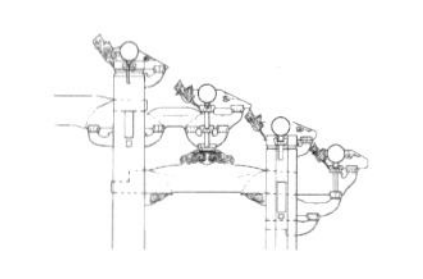

3.1 环境

佛山祠庙建筑讲究“枕山、环水、面屏”的风水理念，崇尚风水堪舆学说。“左青龙，右白虎，前朱雀，后玄武”的风水格局极为频繁地出现在建筑风水意象中，靠山面水是最理想的建筑环境。祠庙建筑选择背靠山地，面临水源的地方，建于山阳，池塘通常在建筑的南、东南或西南方向，称为“风水塘”。

很多祠庙建筑因地制宜，依据环境的不同而改变朝向，如三水大旗头村的祠堂群，呈东西向布局，风水塘位于东面。对于不理想的地形，人们则积极处理,如引水成塘或挖塘蓄水。堪舆学说还广泛采用太极图、八卦图、镇山海、照妖镜以及其他符镇图案与文字来作为心理补偿。

佛山祠庙建筑多为顺坡而建，前低后高，很有气势，与“步步高升”的风水格局相吻合。这种“前低后高”的整体态势，威严、稳固，正好迎合了堪舆文化的风水图式。特别是祠堂，即使是在平地上，亦通过台基建成每一进向上抬升的格局，如石头霍氏宗祠祠堂群。

3.2 总体形制

祠庙建筑的总体形制一般以路、进、间描述。

3.2.1 路

建筑群内单体建筑沿一条纵深轴线分布而成的建筑序列被称为一路。基于中轴对称的传统观念，广府建筑大多为奇数路，其中又以一路、三路为多见，极少数五路，也有部分为偶数路，现存偶数路一般为两路。[38]

一路建筑没有衬祠（偏殿），是最常见形式。

两路建筑由主路和一侧边路组成，中路一侧有衬祠（偏殿）。

三路建筑由中路和两侧边路组成，即两侧各有衬祠（偏殿）。主路与边路之间常以青云巷连接。青云巷首进设门，门额常以“腾蛟、起凤”、“入孝、出悌”等题名，也有三路建筑不设青云巷的，而是将主路与边路连为一体。[38]

3.2.2 进

进是主体建筑与面阔方向平行的单体建筑的称谓。前、中、后三堂称作第一进、第二进、第三进。“路”是纵向的，与两侧山墙平行，而“进”是横向的，与堂正脊平行；路的多少影响祠堂通面阔的大小，进的多少则

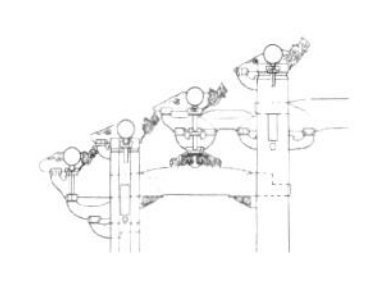

影响祠堂通进深的大小。[38]

两进的祠庙建筑将中堂空间与后堂空间合而为一。

三进的祠庙建筑是广府最普遍的选择。三堂的设置，使得空间功能区分明显。

四进建筑是在后堂后再增加一个堂或楼。[38]

3.2.3 开间

决定建筑的规模与形制的因素除路、进外，还有开间。

开间最少的建筑是单开间。

三开间建筑很常见，是最主要的建筑形式。

五开间是佛山祠庙建筑高等级的开间数。

3.2.4 路、进、间组合形制

佛山祠庙建筑形成了中轴线上“门—堂—寝”的模式：门堂预示整个建筑的规模和等级，中堂为仪式、活动举行处，后堂为安奉神位、神像之所。

一路两进单开间形制是规模最小、等级最低的一种。

一路两进三开间形制（图 3-1）在数量上仅次于一路三进三开间。一路两进三开间凹斗门式制（图 3-2）稍低于门堂式，数量上两者平分秋色。

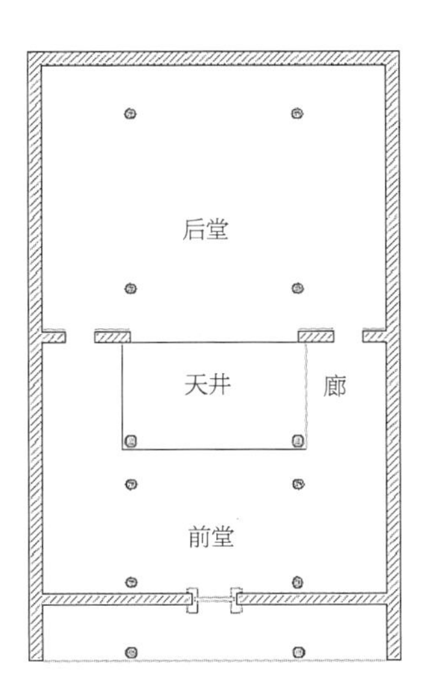

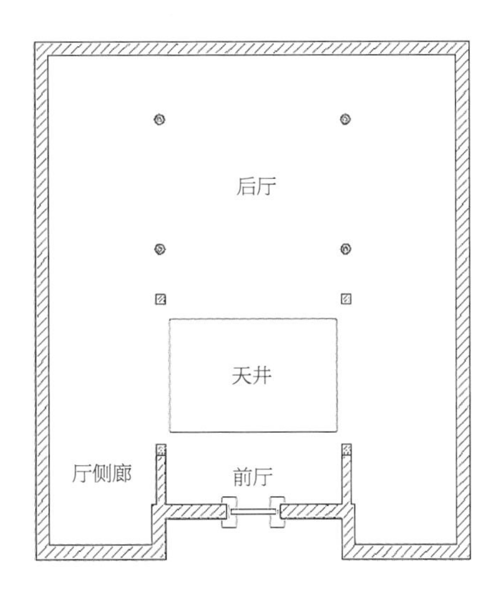

图 3-1 门堂式一路两进三开间建筑案例平面图（左）
图片来源：见参考文献[38]

图 3-2 凹斗门式一路两进三开间建筑案例平面图（右）
图片来源：赖瑛．珠江三角洲广府民系祠堂建筑研究［博士学位论文］．广州：华南理工大学，2010

一路三进三开间形制是佛山祠庙建筑中最为常见的形式。凹斗门式等级较门堂式低。

两路三进三开间只有一侧有衬祠（偏殿）。

三路两进三开间或三路三进三开间形制又称广三路。此形制建筑没有凹斗门形式，基本为门堂式。三路之间常以青云巷相连接（图 3-3），也

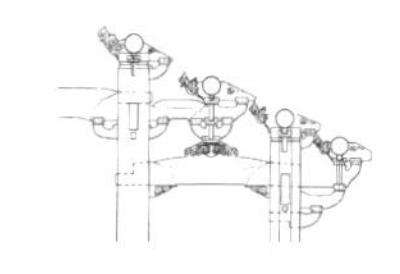

有部分三路建筑没有青云巷(图3-4)。《顺德文物》所列举的81座祠堂中，有25座为“广三路”格局,占31%;《南海文物志》所列举的21座祠堂中，有8座为“广三路”格局，占38%。经典的广三路格局集中出现在清代中期之后，并成为广府大型祠堂的必然选择。

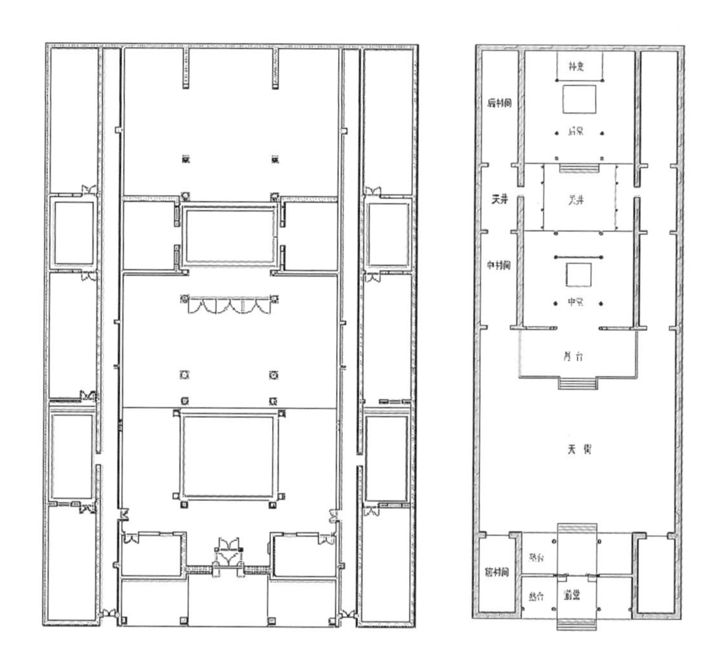

图3-3　有青云巷的三路三进三开间建筑案例平面图（左）
图片来源：见参考文献[38]

图3-4　无青云巷的三路三进三开间建筑案例平面图（右）
图片来源：见参考文献[38]

一路三进五开间建筑是等级高、占地面积较大的大型建筑形制。

等级形制崇高的，包括三路四进三开间、三路三进五开间、五路两进三开间等。[38]

3.3　单体形制

祠庙建筑单体主要包括门堂（前殿）、中堂（中殿）、后堂（后殿）、廊庑、庭院等,部分有辅助构成元素,如衬祠（偏殿）、牌坊、照壁、拜亭、月台等。

3.3.1　门堂

门堂（前殿）是建筑序列的开端。根据门堂前檐是否有檐柱，可分为门堂式和凹斗门式两种主要形式。门堂式是指门堂前檐使用柱子承重的形式。门堂式由塾台、塾间、挡中、前后柱廊等几大要素变化组合成丰富多彩的布局形态。凹斗门式又称凹门廊式，是指门堂前檐下无檐柱，心间大门向内凹进的门堂形式。凹斗门式就等级而言低于门堂式，还有些不常见的形式，如平门式。平门式指的是门堂前檐没有柱子，门堂两次间正面墙

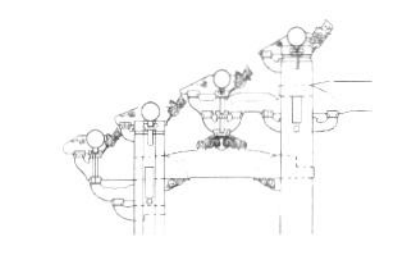

体与大门位于同一横轴线上，这是一种比凹斗门式祠堂更低一等的祠堂。[38]

“塾”是广府祠堂中大部分门堂式门堂所选择的一种古老的礼制元素，是门堂的侧室，位于三开间门堂的次间或者五开间门堂的梢间。内塾用于宾客休息，外塾用于大型祭祀庆典活动时的鼓乐台，所以在很多村落塾台又被称为鼓台。塾分为内塾与外塾，故一门可有四塾。现存门堂所采用的有无塾、一门两塾和一门四塾。明代佛山祠庙建筑祠堂门堂多为一门四塾，清中期后则多为一门两塾。

屏门又称为“挡中”，置于一入大门处、挡住中间前行的路。屏门主要由三部分组成：顶部横披窗、中间门、底部地栿①。底部地栿由两柱础相夹，底为石地栿，上为木地栿。[38] 中间木门由础上两木柱相夹。顶部横披窗有些贯穿心间，连接心间两梁，也有一些与屏门等宽。屏门的装饰相对整座建筑而言是朴实的，个别祠堂雕刻文字。

3.3.2 中堂、后堂

中堂（中殿）是议事、集会、仪式举行之处。中堂大多没有围合，前后与前庭、后院连通，所以中堂空间是建筑最开阔之处，也是使用率最高的地方，在构件形制、用料、装饰等方面是建筑高等级的部分。

三开间的中堂最常见的形式就是由前檐柱、前金柱②、后金柱、后檐柱 8 根柱子来支撑中堂的梁架。有时在后檐柱两侧砌筑墙体，有时因为有墙体而取消后檐柱，以护角石③代替。中堂一般没有侧室，但也有少数五开间建筑将梢间设为侧室。

屏门是中堂不可或缺的重要元素。屏门由两后金柱相夹，与门堂屏门（挡中）类似，由三部分组成，顶部横披窗、中间门、底部地栿。底部地栿由两柱础相夹，底为石地栿，上为木地栿。中间木门由础上两木柱相夹，门开四或六扇（以六扇为多见）。在门上的横披上悬挂堂号牌匾，在屏门两柱（一般亦为后金柱）上悬挂与堂号匹配的木制对联。

后堂（后殿）通常位于建筑轴线的终端，是安放神主之所。后堂心间置神龛供奉祖先神位，神龛往往紧靠后墙。次间则多为两种形式：一种是开放式，即三个开间没有以墙围合起来而显得开阔；另一种是围合式，即三开间之次间、五开间之梢间设为侧室。一般而言，建筑的门堂与后

① 又称地栿。在唐、宋建筑中，建筑物柱脚间贴于地面设置的联系构件。有辅助稳定柱脚的作用。除木质地栿外，还有石质地栿。明、清建筑栏杆最下层之水平构件，也沿用此名称。

② 在檐柱以内的柱子，除了处在建筑物纵中线上的，都叫金柱。

③ 又称角石。砌筑在石砌体角隅处的石料。

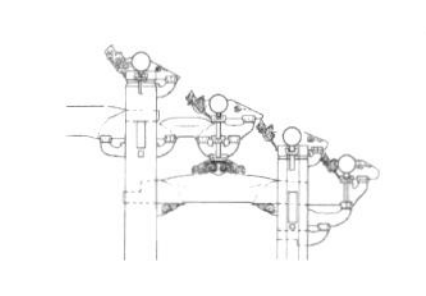

堂是不等面阔的，常见情况为前小后大，呈微喇叭状。也有一些祠堂前后通面阔相差较大，即祠堂前面为三路，到后堂收为一路，所以通面阔明显小很多。[38]

3.3.3 廊庑

廊庑主要指用于连接门堂与中堂、中堂与后堂，位于庭院两侧的廊道。屋顶一般为卷棚顶，少部分为硬山顶或单坡。面阔一般不超过其所在的三开间之次间或五开间之梢间。在长度上有单间、三间、五间、甚至七间等奇数开间。梁架形式多采用简洁的瓜柱①梁架或博古梁架。[38]

除此之外还有一种廊叫轩廊，主要位于中堂或后堂前廊，有时也位于前院两开阔侧廊的前檐，其作用是遮阳。清中期厅堂前檐廊设轩开始普及，甚至会在后跨设轩。

3.3.4 庭院

两进祠庙建筑有一个中庭，三进祠庙建筑分前庭和后院，一般前庭开阔，较为明亮，后院狭窄，较为阴暗。

3.3.5 辅助元素

常见的辅助元素有衬祠（偏殿）、青云巷、牌坊、照壁、拜亭、月台等。它们在建筑中的运用没有特别的规律，大部分建筑都不使用。部分建筑使用辅助元素中的一个或两个，以衬祠（偏殿）、青云巷和牌坊为多。除衬祠和青云巷位于中路建筑两边外，中路上主要元素与辅助构成元素自前至后的顺序依次一般为:牌坊（或照壁）、门堂、牌坊、拜亭（或月台）、中堂、月台、后堂。但极少有这种把所有主要元素及辅助元素都涵括在内的祠庙建筑。

3.3.5.1 衬祠（偏殿）

衬祠（偏殿）是位于中路建筑两侧的辅助构筑物，是辅助元素中使用最广的一个。衬祠（偏殿）大多单开间。中路与衬祠（偏殿）之间有时设青云巷作过渡空间，有时无青云巷直接连接在一起。衬祠（偏殿）一般对称分布在中路两侧形成三路建筑，少部分建筑仅一侧有衬祠（偏殿），形成两路建筑。此外还有个别建筑两侧各两路衬祠，共四衬，形成五路建筑，如顺德区小布何氏大宗祠。[38]

---

① 两层梁架之间或梁檩之间的短柱，其高度超过其直径的，叫做瓜柱。

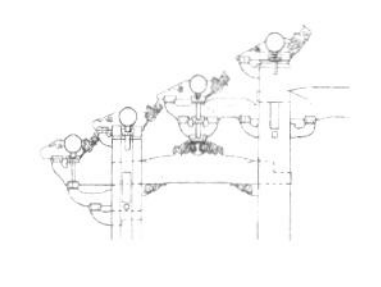

衬祠（偏殿）无论是在平面、梁架，还是在装饰等方面都较朴素简单，以衬托中路建筑的主导地位。平面上与中路建筑相配适。与中路建筑前、中、后堂相对应的是前、中、后衬间，与中路庭院对应的则为庭院或侧廊。在梁架形式上，一般无须柱与梁，大多采用硬山搁檩形式。在立面上，衬祠（偏殿）的高度会略矮于中路建筑，以衬托中路建筑的核心地位。在装饰上，因无梁架，所以少了许多木雕和石雕工艺，砖雕、彩绘等工艺也使用不多。

3.3.5.2 青云巷

主路与边路之间常以青云巷连接，两个祠庙建筑之间也有以青云巷连接的。青云巷首进设门，门额常题以“腾蛟、起凤”、“入孝、出悌”等。

三路祠堂中，两条青云巷的巷门有着不同的功能分配：族中子弟每天早上需到祠堂读书，左边的“礼门”用于进入，右边的“义路”则用于退出。[38]

3.3.5.3 牌坊

牌坊起着先导或承前启后的作用，使整个建筑群显得布局严谨、层次分明，而牌坊本身庄重肃穆，也为建筑整体氛围添上重要一笔。牌坊为清中、晚期常见的建筑辅助元素。

牌坊在祠庙建筑中的位置常见为 3 种：

①位于建筑前，如佛山祖庙灵应牌坊（图 3-5）。

②牌坊与大门合而为一，成为“牌坊式大门”。如南海九江崔氏宗祠和顺德龙江华西察院陈公祠。

③位于第一进院落，如禅城石头霍氏家庙和南海九江崔氏宗祠。

图 3-5 佛山祖庙灵应牌坊正立面图
图片来源：见参考文献[5]

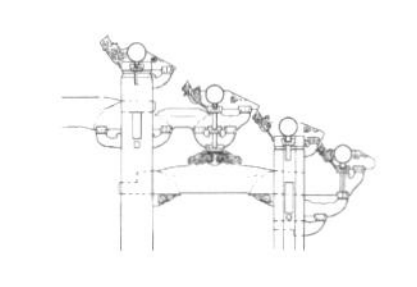

3.3.5.4 照壁

照壁在现存建筑实例中很少。照壁有时位于大门对面起屏蔽作用，有时位于大门两侧起围合作用，现存照壁基本为青砖砌筑，由压顶、壁身和基座三部分组成。[38]

3.3.5.5 拜亭

拜亭是位于建筑中轴线上的构筑物，通常位于中堂前，如建筑只有二进，则位于后堂前。拜亭进深多为一间，面阔多与殿堂心间等阔，亭式，四柱，屋顶为歇山顶、重檐①歇山顶或卷棚顶。

大敦梁氏家庙有拜亭名“圣谕亭”，通面阔 26 米，中路面阔 13 米，通进深 33 米（图 3−6）。昌教黎氏家庙中堂前带御书亭（拜亭），亭面阔 6.2 米，进深 3.6 米，重檐歇山顶（图 3−7）。

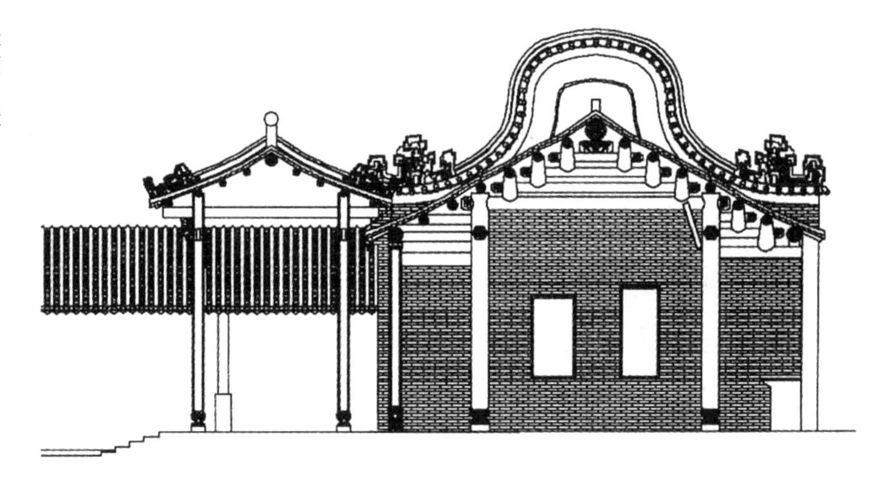

图 3−6　顺德乐从大敦梁氏家庙拜亭剖面图
图片来源：见参考文献[9]

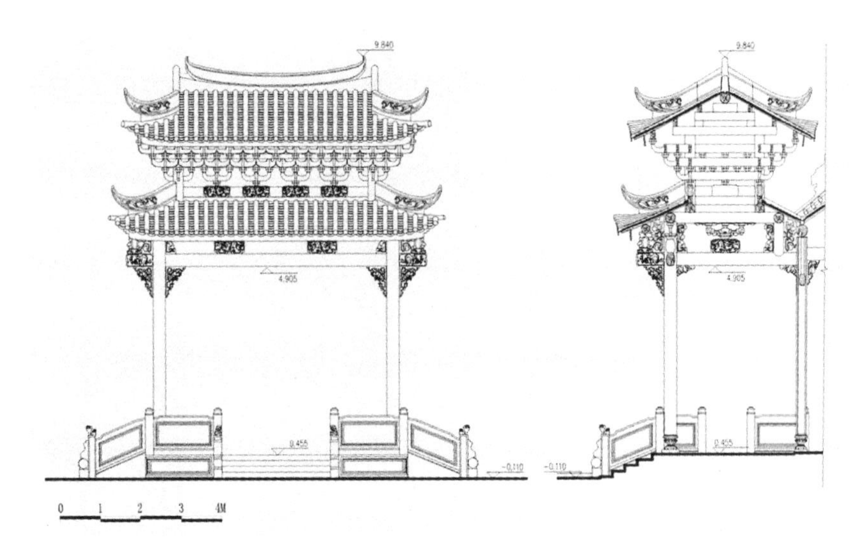

图 3−7　顺德杏坛昌教黎氏家庙御书亭（拜亭）正立面图、剖面图
图片来源：见参考文献[5]

① 屋顶出檐两层。常见于庑殿、歇山、攒尖屋顶上，以示尊贵。

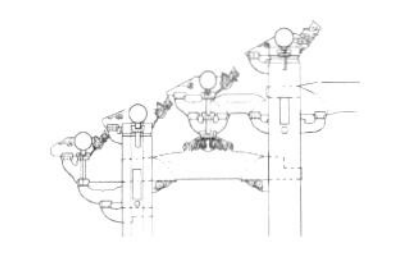

3.3.5.6 月台

月台位于中堂或后堂前，成为殿堂的延伸。月台进深大约为殿堂进深的 2/3，面阔有较多变化：有时与殿堂等面阔，如顺德乐从镇沙滘陈氏大宗祠，中堂面阔五间，月台与此等阔；有时与五开间当中三开间等阔；有时只与心间等阔。大部分月台的台基没有过多装饰，少部分则极显石雕工艺。[38]

3.3.6 其他

还有其他的建筑空间辅助元素，例如阳埕①、功名碑、石狮子、钟鼓楼等。

① 阳埕（地堂）：阳埕俗称地堂，广场、晒谷场。

4 佛山祠庙建筑结构

材料
梁架结构
屋面
山墙
柱
梁
结构交接
檐部结构

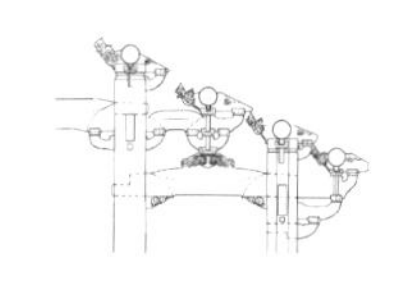

4.1 材料

4.1.1 木

佛山祠庙建筑大木构件多使用硬木，如铁木、菠萝格、坤甸等木材，木质坚硬、纹理美观。硬木具有很高的密度，雕刻刚挺有力。民房建筑很少采用梁架结构，多用墙承杉檩条。祠堂、庙宇等较高级的建筑物，梁架多用坤甸、东京等高级硬木。

木构件表面处理的传统做法是施油不用漆，极少用彩画，处理工艺与手法类似广东的红木家具。对构件表面的加工要求平整光滑，以便于油饰，少用腻子，且常用雕刻的手法来装饰，注重材料自身的表现力。

4.1.2 石

石材也是佛山祠庙建筑的常用材料，具有更好的抗压、抗潮能力。大量的柱础、檐柱、阑额[①]等都用石材加工而成，不同种类的石材在一定程度上反映了不同的建造时间，如红砂岩、咸水石多用于早期，而更为坚硬的花岗岩则多用于较后期。

红砂岩是明代中晚期建筑中受青睐的一种石材。红砂岩呈红色或褐红色，有较易风化、崩解等缺点。现存建筑中，红砂岩主要使用在：①门面，即门堂心间大门周边；②墙裙，在门堂两次间墙体及山墙底部用做墙裙；③墙基；④地面，门堂内心间地面、前院地面、后院地面；⑤柱子及柱础。

咸水石来自大海，在清康熙迁海（顺治十八年·1661）以前为建筑的主要用材之一。清康熙迁海以后，随着清中花岗岩的广泛使用，咸水石渐渐淡出使用。南海大沥镇曹氏宗祠、顺德乐从镇何氏大宗祠等还保留咸水石墙裙、柱子及柱础。

清代花岗岩得到广泛应用。花岗岩因其材质的坚硬、开采技术的发展而渐渐开始大范围地使用，如墙裙、地面、柱子等部位采用。方形的花岗岩柱子基本成为建筑门堂檐柱的常式。[38]

4.1.3 砖

青砖是佛山祠庙建筑中大量使用的主要材质。门堂正立面墙体采用水

① 即额枋。檐柱与檐柱之间起联系作用的矩形横木，叫额枋，也叫檐枋；宋代及宋以前叫阑额。安装于外檐柱柱头之间，上皮与檐柱上皮齐平的枋。宋式建筑大木构件名称。断面为矩形，明清时近似方形。主要功能是拉结相邻檐柱。

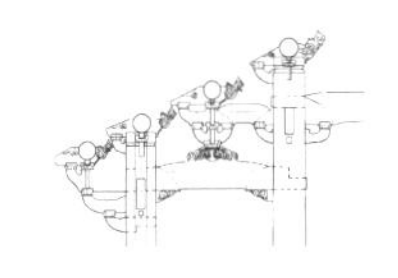

磨合缝青砖墙，灰缝仅 2 ~ 3 毫米，做工极为精细。砖雕大量使用，大块青砖作墀头雕刻或作花窗、窗楣装饰。

4.1.4 蚝壳

“千年砖万年壳”，蚝壳墙由于坚固耐用、取材便利、有利于隔热等原因，在青砖烧制还不娴熟的明中晚期和清早期广泛使用，是广府地区特有的建筑材料，清中期以后渐渐消失。如今得以完整保留的蚝壳墙建筑已存数不多，如南海区大沥镇颜峰叶氏大宗祠、大镇“朝议世家”邝公祠等。

4.1.5 其他

清代和民国时期大量运用了新的材质与新的技术。

清代琉璃瓦发展成熟，比明代的琉璃瓦无论色彩、耐久性等方面都优胜，广泛地用于各大建筑中。还出现了一些新的材质，例如彩色玻璃、铁艺、陶脊等。陶脊是清代中叶佛山建筑琉璃陶瓷中出现的一大品类，并盛行于清晚期，直至民国。石湾出现了许多专门从事陶脊制造的店号，如文如璧、英玉、奇玉、宝玉等。

民国时期，水泥、混凝土等材料，彩色玻璃、铁艺等西式手工艺更是多不胜数。

4.2 梁架结构

佛山地区建筑梁架结构兼具抬梁与穿斗的特点。

佛山祠庙建筑梁架结构特征为：总体为硬山搁檩，外墙内柱结构；横架方向上，内柱高于外柱，柱子直接承檩，因而柱檩对位，柱缝以外的檩条以下皆有一“类柱”（瓜柱或驼峰斗栱）对位支撑，类柱置于下面的梁上，而梁端插入临近两端的柱或类柱，依此类推，最下端的大梁两端插入柱身，柱列及其上的梁架共同组成一榀横架。前后用乳栿[①]，中用六椽栿，个别用八椽栿。前后檐多用斗栱铺作[②]或插栱[③]出跳[④]，而金柱则直通到顶，柱头做

① 栿，梁。乳，言其短小。乳栿，宋式建筑中梁栿的一种，是长二椽架（清称步架）的梁，相当于清式的双步梁，位置与清式建筑中的桃尖梁或抱头梁相当。在殿堂结构中，置于内柱与檐柱柱头上，与斗栱结合成一个结构整体。在厅堂结构中，一端插入内柱柱身，另一端与檐柱柱头斗栱结合。尾端置于梁架上，并与梁架丁字相交的乳栿，又称丁栿。

② 宋式建筑中对每朵斗栱的称呼，如“柱头铺作”、“补间铺作”等。

③ 外形相当正常栱的一半，前端挑出，后端以榫插入柱、墙固定的栱。它是半截华栱，作用亦与华栱同；有入柱、不入柱、正置、斜置等多种，用作辅助性结构，并起一定装饰效果。常施于门楼或牌坊柱间。

④ 斗栱自柱中心线向前、后逐层挑出的做法。每挑出一层称为出一跳；挑出的水平距离为出跳的长，或称为跳，清代称为拽架。宋时名词，意思与清式出跴相似，但计算方法略有不同。

成栌斗①状，承托承椽枋②。[40]顺檩方向上，有纵架串联相邻的横架与山墙，从而使木构梁架和两列山墙联结成一整体。

佛山祠庙建筑梁架的基本构成为：梁端通过榫卯结构拉结成一间，或一跨。面阔方向上的一间，以及进深方向上的一跨，共同组成了最基本的空间单位。通过加减开间数和跨数，可以发展出不同的构架形式，如三开间两跨门堂、五开间三跨中堂等。[39]

4.2.1 梁架整体结构

从整体结构形式分析，佛山地区建筑的大木构架可分 4 种类型：

①大式斗栱梁架

前后檐柱用斗栱铺作，中为厅堂梁架。在构架方式上类似带斗栱的唐宋厅堂梁架，即前后檐柱和山柱③普拍枋④上用斗栱铺作层，里面为唐宋厅堂梁架，不同之处是金柱柱头直接与榑檩交接。大式斗栱梁架中多使用月梁、梭柱⑤等，形制较古，梁架的等级较高。

②小式瓜柱梁架

小式瓜柱梁架内外柱梁不施斗栱，不用月梁，上下梁之间净间距小，密集排列，以长瓜柱、短圆瓜柱或筒柱联系支撑上层梁头，梁柱层叠而上完成整个梁架。瓜柱和筒柱间常用穿枋⑥或弯枋联系拉结，此部分有些穿斗构架的特征。该种梁架等级较低，工艺简单。室内都不设天花，内柱高于外柱，梁栿直接插入内柱柱身，柱子直抵檩条。[39]

③插栱襻间⑦斗栱梁架

插栱襻间斗栱梁架形式和等级介于前两者之间。挑檐用梁栿穿檐柱而出，与檐柱插栱出跳共同支撑挑檐桁，中部为较规范的宋式厅堂梁架，上下梁枋间以驼峰襻间斗栱联系支撑，多用月梁、直柱。较明显的特征是前后檐部分保留了地方穿斗结构的构造方式。梁架中部特征与小式瓜柱梁架同。

---

① 宋时名称，即坐斗。在全攒斗栱的最下层，直接承托正心瓜栱与头翘或头昂的斗，叫坐斗，也叫大斗；宋代则称为栌斗。

② 枋是横栱上的联系构件，横向，与桁平行。

③ 在山面或山墙中，除角柱以外的各种由下达上的通柱。

④ 宋式名称，相当于清式的平板枋。最早见于辽代后期。普拍枋形状扁宽，搁在阑额并及柱头之上，而柱头斗栱则坐于普拍枋上，从而加固了柱子与阑额的连接。特别是由于补间铺作的加多，补间不用蜀柱、驼峰、人字栱之类，而用大斗；窄而薄的阑额不宜坐大斗，普拍枋由此产生。

⑤ 上部形状如梭，或中间大两端小外观呈梭形的圆柱。

⑥ 枋是横栱上的联系构件，横向，与桁平行。枋的大小，等于一个单材的大小。

⑦ 襻间是榑下附加的联系构件，与各架榑平行，联系各缝梁架的长枋木。其主要功能是襻拉相邻两架梁使之联为一体。或每间都用，或隔间而用。其两端往往插在蜀柱或驼峰上，将相邻的两片梁架拉紧，以加强屋顶结构的整体刚性。

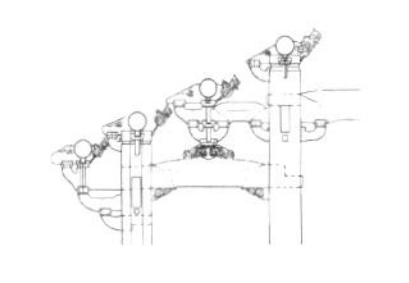

④混合式梁架

同一个建筑前后或上下采用不同构架形式。如佛山祖庙大殿，前檐用大式斗栱梁架，而后檐却用插栱襻间斗栱梁架，中为小式瓜柱梁架。

4.2.2 横架

在传统建筑中，与正立面垂直，与山墙平行的梁架，称为横架。传统建筑中横架主要起承重作用，相对的，纵架主要起拉结作用。佛山祠庙建筑横架的中跨部分，所采用的形式与构建逻辑是相同的，主要区别在于前后跨的构架中。

佛山祠庙建筑横架的基本类型为：前后金柱等高，共同承托中跨大梁，金柱高于檐柱，乳栿插入金柱柱身。以此为基础，通过增减跨数、前后是否挑檐、以檐墙代替檐柱等方式，可以发展出其他横架类型，比如增加中跨步架数。[39]

佛山祠庙建筑横架基本采取一种结合抬梁式构架和穿斗式①构架的混合梁架，其结构特色是承重梁端插入柱身（一端或两端插入），即组成屋面的每一根檩条下皆有一柱（瓜柱、驼峰（柁墩）、金柱、檐柱、中柱等），屋架上不立于地面的每一柱骑在或压在下面的梁上，而梁端插入临近两端的柱身。为加大进深，还可增加前后廊步，以及用挑出插栱的办法，增大出檐。[38]

以柱、梁直接结合的佛山祠庙建筑横架又可大致分为驼峰斗栱横架、瓜柱横架、博古横架等常见形式。

①驼峰斗栱横架

驼峰斗栱横架因其使用斗栱形制而成为三种横架形式中最为讲究的一个。驼峰斗栱横架的结构特点是：梁上立驼峰，顺檩方向驼峰上置一跳或两跳或三跳斗栱承托梁及檩条，顺梁方向托脚、上层梁梁端常作为联系构件，构件的搭接方式呈层叠式。驼峰、斗栱和托脚等组成一组驼峰斗栱。[38]

②瓜柱横架

瓜柱横架是指主要以瓜柱和梁组成的横架形式。根据瓜柱与梁交接方式瓜柱横架又可分为穿式瓜柱横架、沉式瓜柱横架两类。

穿式瓜柱横架的典型特征是梁穿过瓜柱并出扁平状梁头。三架梁上除置放一个驼峰斗子承托脊檩外，也会见到用一个瓜柱来承托脊檩的情况。沉式瓜柱横架的典型特征是梁由瓜柱上端放入瓜柱内。[38]

① 穿斗式构架的特点是柱子较细、较密，柱与柱之间用木串穿接，连成一个整体；每根柱子上顶着一根檩条。

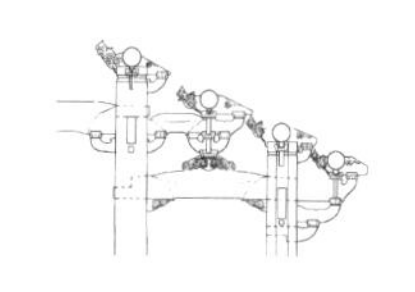

③博古横架

博古横架是由一层层的梁叠加组成的，每两层梁之间用简单的垫木托垫而成博古架的形式，中间有时加入瓜果、花篮、蝙蝠等纹。博古横架主要使用在建筑庭院的两侧廊，前、中、后堂的前檐或后檐步架也是博古梁架使用较多的地方。

博古横架是侧廊中较为常见的梁架形式，即横跨在山墙与檐柱的大梁之上采用博古形式的梁架承托檩条。如大梁插入檐柱和外墙上，大梁上立博古架，博古架上立檩条。博古的形式也多种多样，有的在梁与椽子间较为高敞，做一整版博古，上面浅浮雕纹饰。也有的侧廊屋面较为低缓，梁架较为低沉，仅在大梁上做一简单博古架梁架，檩条置于博古间上。也有部分建筑在兴建或维修时将门堂前檐梁架采用博古形式。有些建筑会在中、后堂的檐柱和外金柱之间采用内卷棚顶与硬山顶相合的屋顶形式，为适应前檐步架卷棚顶形式，此处常做博古梁架。当然，也有祠堂在檐柱和外金柱间不用轩廊，而是就坡面做三角形式博古梁架。

一般而言，佛山祠庙建筑内会将几种横架形式组合使用，而这几种横架因形制与造型之差异而有使用位置之区别。在同一个建筑中，甚至在同一个单体建筑中，如前、中、后堂三堂建筑，常常采用不对称的横架，如前檐用驼峰斗栱横架，后檐用瓜柱横架或硬山搁檩或其他形式，甚至在同一榀梁架中也是瓜柱、驼峰斗栱等交错使用。通常情况下，在同一组建筑中瓜柱横架比驼峰斗栱横架运用的位置要次要，几进院落，若同时使用驼峰斗栱横架和瓜柱横架，若中堂使用斗栱驼峰横架，后堂则用瓜柱横架，侧廊使用博古横架。[38]

4.2.3 纵架

在传统建筑中，与正立面平行，与山墙垂直的梁架，称为纵架。纵架主要起拉结作用，与横架共同构成“间”的概念。

纵架材料可分为木、石两大类。石额与石隔架科[①]总是出现在门堂、中堂或拜亭的前檐纵架之上，而横架上从不使用石材。纵架经历了从木到石的材料转换，呈现一个从“木直梁木驼峰斗栱”形式向“石虾弓梁[②]石金花狮子”形式演化的明显规律。

---

① 用于内檐大梁与随梁枋之间的斗栱构件。它的作用是为大梁增加中间支点，使随梁枋在加强其前后两柱间联系的同时又能分担一部分梁的荷载。

② 广府特色的石阑额，其截面为矩形，线脚棱角分明。梁两端向下中间平直如虾弓着背，梁肩呈S形，梁底起拱但不用剥鳃。

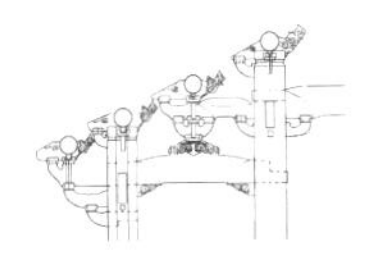

明代和清代早期，纵架与横架采用类似的形式，建筑门堂前檐纵架形式常见为木直梁木驼峰斗栱，如隆庆至万历年间的朝议世家邝公祠。连接心间檐柱与次间檐柱或侧边山墙的是木直梁，截面为琴面①形，梁中间置一攒驼峰斗栱。斗栱部分一般为一斗三升②，也有重栱，个别为三重。使用“木直梁木驼峰斗栱”梁架形式的祠堂有心次间均使用及心间不使用次间使用的情况。如果心间也有檐枋梁架，那一般是心间木直梁上为两攒驼峰斗栱。另外有个别祠堂不采用圆形木直梁而是方形枋木。[38]

石纵架刚刚诞生的时候，无法摆脱对于木纵架的模仿，与同时期的木纵架具有很多类似之处。清中期以后，具有浓厚广府特色的石纵架，截面为矩形，线脚棱角分明。檐枋纵架更多为“石虾弓梁石金花狮子”形式所代替。石梁上置放同材质的金花狮子或金花柁墩，原来的驼峰演变为石柁墩（与櫍形状有区别）或狮子形式，斗栱则多演变为民间工艺“金花”形式。也有个别清中早期祠堂的金花狮子为仿木之驼峰斗斗栱形式，石梁较为平直，驼峰造型也较清晰。[38] 清晚期门堂前檐纵架已程式化，几乎无一例外地选择“石虾弓梁石金花狮子”形式。

4.3 屋面

4.3.1 屋顶

佛山祠庙建筑的屋顶形式有歇山顶、硬山顶、卷棚顶、悬山顶、攒尖顶等。

佛山祠庙建筑屋顶的最高形制是歇山顶，包括单檐歇山顶和重檐歇山顶。歇山是庑殿和悬山相交而成的屋顶结构，其级别仅次于庑殿。它有一条正脊四条垂脊、四条戗脊，所以又叫九脊殿。佛山祠庙建筑中还有将卷棚顶与歇山顶结合的卷棚歇山顶，如禅城区的国公古庙、丰宁寺、兆祥黄公祠等。

硬山顶是佛山祠庙建筑中最常见的屋顶形制，广府地区又称“金字顶”。屋顶只有前后两坡，双坡屋顶中两端屋面不伸出山墙外的一种屋顶形式。由于硬山顶的广泛应用，其与镬耳山墙、人字山墙、水式山墙、博古山墙等各式山墙完美结合的外形成为了佛山祠庙建筑的鲜明特征。

卷棚顶多用于厅堂前檐、轩廊、拜亭和两侧廊庑厢房等辅助部分，是

① 梁的截面如琴面般凸起。

② 斗栱因层数或拽架之增减，有简单复杂之分。其中最简单的，就是在坐斗上安正心瓜栱一道，栱上安三个三才升，叫做一斗三升。

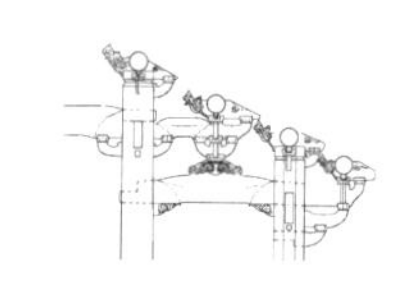

本地建筑中很有特色的一种屋顶形式。

悬山顶、攒尖顶等在佛山祠庙建筑中使用的频率不高。

4.3.2 屋脊

佛山祠庙建筑的屋脊包括正脊、看脊和垂脊。正脊即建筑物中轴线上的屋脊，屋顶前后两坡相交处的正中脊带，位居建筑物最高处，对整个建筑极为重要，具有防止雨水渗透和装饰功能。垂脊在歇山顶、庑殿顶、悬山顶、硬山顶等建筑屋顶上，与正脊或宝顶相交，沿屋面坡度向下的屋脊，常有垂兽作饰物。看脊是建筑物两边厢房或者走廊上的脊带，一般只有站在庭院内才得见，并只见其一面。

佛山祠庙建筑屋脊有平脊、龙船脊、卷草①脊、漏花脊、博古脊、花脊等，按用材来分有瓦砌、灰塑、陶塑等。

佛山等级较高的祠庙建筑屋脊，大致上经历了灰塑龙船脊、灰塑博古脊、陶塑花脊的一个过程，但这只是一种层进式的演变，而非替代性的演变。

（1）龙船脊

龙船脊又称船脊，是珠江三角洲地区祠堂建筑中采用的较为古老的屋脊形式，是珠江三角洲极为普遍的屋脊形式之一。因正脊两端高翘形似龙船，而被称作“龙船脊”或“龙舟脊”。

龙船脊大抵简洁和朴实。年代较早的龙船脊通常只在脊身上灰塑浅浮雕的卷草纹。[38]随时代变迁，脊上的灰塑内容逐渐丰富起来，脊身开始有了中间主画和两侧辅画之分。构件亦增多，如在龙船脊两侧起翘部分的底部安装船托。船托最常见的是一个小的博古架，也有做寿桃、花篮甚至狮子等造型的。

在现存的龙船脊建筑中，有相当部分在正脊的两端安置鳌鱼一对。

（2）博古脊

博古脊是平脊身中间以灰塑图案为主、脊两端以砖砌成几何图案化的抽象夔龙纹饰的屋脊，因其类似于博古纹②，民间又称其为博古脊。

博古纹的原型为夔纹③。博古脊一般以灰塑塑造，正脊一般由脊额、脊眼、脊耳3个部分组成；垂脊在末端加脊耳。脊额是正脊正中的匾额部分，脊额顶部通常不设屋顶脊刹，额上常采用灰塑浮雕或彩绘，图案为各种祥

① 又名蔓草纹。植物图案纹样。叶形卷曲，连绵不断，故名。

② 类似博古架的纹饰。

③ 即夔龙纹。图案表现传说中的一种近似龙的动物——夔，主要形状近似蛇，多为一角、一足、口张开、尾上卷，有的夔纹已发展为几何图形。

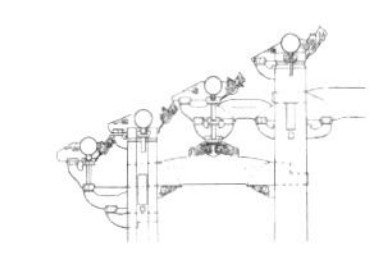

瑞主题的图画，内容有花卉、瑞兽、器物等。脊眼是脊额两侧的孔洞，洞中常置雕塑，造型有小兽或宝瓶等。有的博古屋脊不设脊眼，脊额为整块灰塑图画。脊耳是最能体现博古屋脊特色的部分，即正脊两端博古形的灰塑，形式左右对称，与脊额等高或高过脊额。[12]

盛行之初的博古脊敦实大方，用色上以灰塑本色为主，且文饰简单，更接近于夔首造型，高度上比龙船脊略高，博古头与博古身大致等高，如禅城区张槎杨氏大宗祠门堂的正脊。三开间祠堂的主画位于脊中间位置，约占心间一半宽度，大多采用“鲤鱼跳龙门”、“诗礼传家”等题材；两侧辅画则以山水花卉等题材为主。

在现存的博古脊建筑中，有相当部分在脊的两侧博古架上安置鳌鱼一对。鳌鱼的位置也各有差异，大部分通常位于博古架上方，有些在博古架中间，有些在靠近博古身的博古头上，还有些在靠近博古头的博古身上面，与龙船脊类似。[38]

（3）**花脊**

花脊又称“瓦脊”或“陶脊”，是装饰在屋脊上的各种人物、鸟兽、虫鱼、花卉、亭台楼阁陶塑的总称，是岭南传统建筑独有的屋脊形式。

佛山地区使用花脊的建筑，现存的极少。佛山祖庙灵应祠的三门瓦脊，清光绪乙亥年（1875 年）制作，高 1.6 米，长 31.6 米，正反两面各有人物 150 多个，可谓花脊之王。

4.3.3 屋顶构架构件

佛山祠庙建筑的屋顶构件主要由檩条、桷板①等构成。

（1）**檩条**

檩是架于梁头与梁头间，或柱头科②与柱头科之间的圆形横材，其上承架椽木。宋代称槫，清式建筑称桁（大木大式）或檩（大木小式），现称檩条或桁条。其断面多为圆形。

檩条分为方檩③与圆檩。使用圆檩的建筑物在数量上大大超过使用方檩的。

在佛山祠庙建筑的早期案例中，檩条截面多作矩形方檩，且檩间距比

① 桷，音 jué，是椽的一个古称，也是《营造法式》提及的一种椽的类型（方形的椽子），其制甚为古老，是架在桁上的构件，承受屋面瓦件的重量。桷板即承瓦的椽板，北方叫椽子，是圆形的构件，飞椽则用方形的，以便于固定。在长江流域以南，屋顶不覆泥背，较为轻薄重量小，不用圆形断面的椽子，而用扁形木材，厚一、二寸，福建、广州等地称桷板。

② 在柱上的斗栱，叫柱头科。它是桃尖梁头与柱头之间的垫托部分，所以它的头翘或头昂为了承托排出的梁头，比其他部位的要加厚一倍，而且越往上层越加厚。

③ 在岭南传统建筑的早期案例中，檩条截面多作矩形而更接近“枋”的概念，一般称之为方檩。

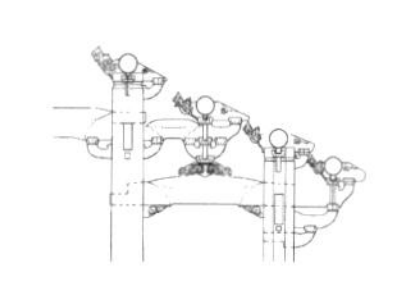

较大，施挑檐檩，替木①可有可无。方檩都不作为脊檩，而出现脊檩以外的位置上。门堂使用方檩的几率较小，而后堂使用方檩的几率较大。

（2）桷板

桷是椽的一个古称，桷板即承瓦的椽板，在广府地区，屋顶不覆泥背，较为轻薄重量小，用扁形木材，厚一、二寸，称为桷板，民间更多地叫做“桁条”。佛山祠庙建筑使用的桷板截面约 100mm × 25mm。桷板直接承托瓦件，因桷板间距与瓦片配合严密，便于瓦片的铺设且保证瓦面的通畅，在单坡上常用一根通长桷板跨几个步架铺定。

较易替换的飞桷保护了桷板端部，由于桷板的扁平截面，飞桷造型为扁平状，且两侧削尖呈船状。扁平截面的桷板促进了封檐板②的设置，同时封檐板的设置亦更好地保护了桷板端部。[39]

4.4 山墙

传统建筑中山墙的墙头是比较讲究的部位，一些阴阳五行之说也对它起着影响，因此它成为建筑的重点部位之一，同时也形成了建筑丰富的侧面。

4.4.1 山面③

佛山地区歇山顶的山面皆用博风④和悬鱼⑤，桁枋、替木、斗栱则部分突出山花板外。

由于佛山祠庙建筑较多采用硬山顶，垂脊与山墙有机地组合在一起，形成各种山墙形式。佛山祠庙建筑的山墙形式主要有五种：镬耳山墙、方耳山墙、水式山墙、博古山墙、人字山墙。多数建筑用镬耳山墙、博古山墙或人字山墙，个别建筑则用方耳山墙和水式山墙。山墙的重点在上半部。瓦当滴水⑥沿山墙铺就排山⑦滴水。

---

① 宋式斗栱构件，是斗栱最上一层的短枋木，用以承托榑或枋的端头。它的两头带卷杀，形似栱，但断面高度低于栱。最早出现于南北朝时期，后替木逐渐加长，元代起已改为通长的构件，习称檐枋。

② 设置在坡屋顶挑檐外边缘上瓦下、封闭檐口的通长木板。一般固定在椽头或挑檐木端头，南方古建筑则钉在飞檐椽端头，用来遮挡挑檐的内部构件不受雨水浸蚀和增加建筑美观。

③ 山墙正面。

④ 悬山和歇山屋顶，桁（檩）都是沿着屋顶的斜坡伸出山墙之外。为保护这些桁头而钉在它上面的木板，就叫博风（博风板）。

⑤ 位于前后博风板交会处的山尖下的装饰板件，用木板雕成。安于博风板的正中；因初期雕作鱼形，从山面顶端悬垂，故称悬鱼。悬鱼在明清时期的北方官式建筑中已不用，但在南方古建筑及民间建筑中仍可常见。

⑥ 瓦沟最下面一块特制的瓦。大式瓦作的滴水向下曲成如意形，雨水顺着如意尖头滴到地下；小式的滴水则用略有卷边的花边瓦。

⑦ 硬山或悬山屋顶的位于山部的骨干构架。

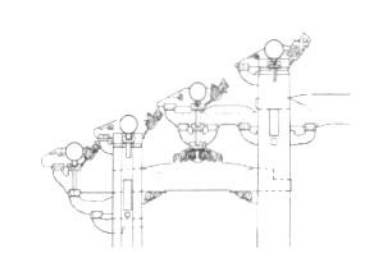

镬耳山墙使用范围广、造型独特优美，成为广府建筑的一个重要特征。镬耳山墙因似镬[①]的两耳形状而得名，亦与明代官帽两耳相似（图 4-1、图 4-2）。单体镬耳建筑堂皇美观，而镬耳建筑群则更显气势。从清代起，采用镬耳山墙的建筑数量明显增加。

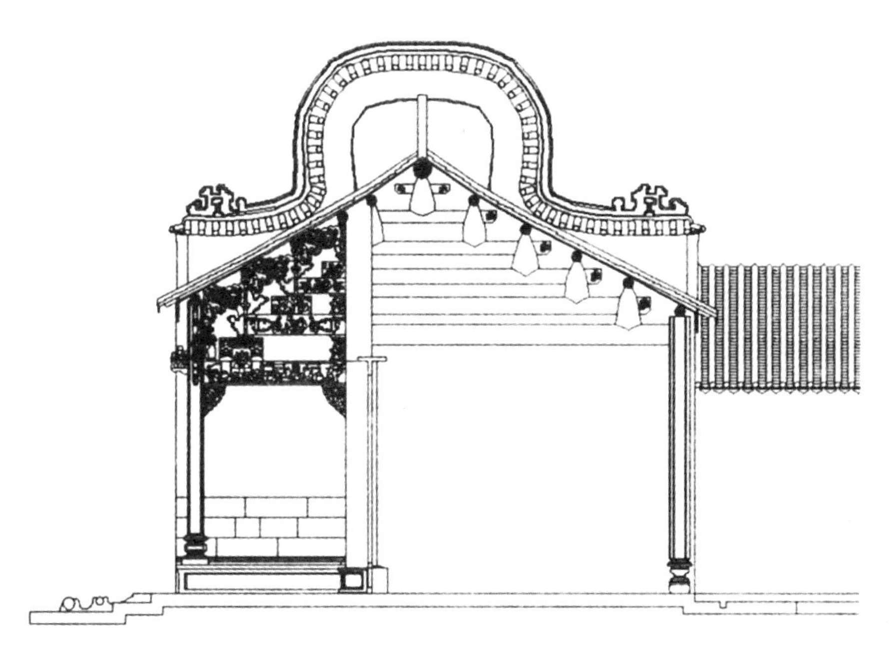

图 4-1　顺德乐从大敦梁氏宗祠镬耳山墙
图片来源：见参考文献[9]

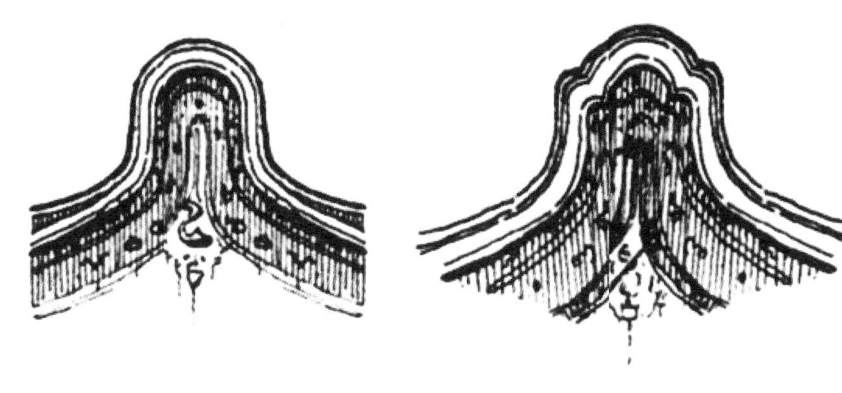

图 4-2　镬耳山墙与水式山墙
图片来源：陆元鼎，《广东民居》

部分佛山祠庙建筑使用水式山墙。三水区乐平镇西村陈氏大宗祠就是一例。

方耳山墙为三级平台式，案例有胥江祖庙与顺德区北滘桃村水月宫等。

博古山墙常与博古脊配合，即博古垂脊所形成的山面，如顺德区乐从镇沙滘陈氏大宗祠。

人字山墙常与龙船脊配合，即龙船垂脊所形成的山面。

① 锅。粤语称“锅”为“镬”。

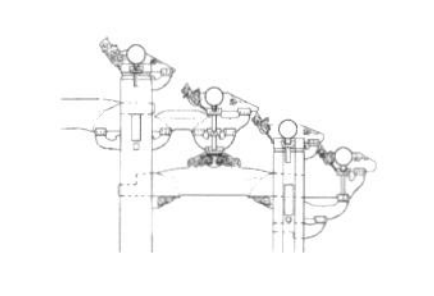

4.4.2 墀头[①]

墀头，是指硬山山墙檐柱以外的部分，是广府祠堂建筑正立面重点装饰部位之一，是砖雕工艺的主要表现处之一：有石雕墀头、砖雕墀头和灰塑墀头。砖雕墀头和灰塑墀头的建筑在墙裙之上均为青砖砌筑，作为装饰重点部位的墀头部分，在砖雕工艺尚未普及之时多用灰塑，当砖雕工艺盛行后，砖雕就占主流了，灰塑只在少部分建筑墀头上使用。佛山祠庙建筑的墀头砖雕也主要体现在门堂的墀头部分。墀头的发展经历了由简短到繁长的一个过程，起初墀头是一段式，到晚清民国则是程式化的三段式了。

一段式墀头，指墀头只有一段主要构成部分。

二段式墀头，指墀头由上下两段组成。如南海大沥镇颜边颜氏大宗祠（清道光十三年·1833）。

三段式墀头，指墀头由三段组成：墀头顶、墀头身、墀头座，在顶与身、身与座之间各有一个过渡层，即由上至下分别为：墀头顶、过渡层、墀头身、过渡层、墀头座，这是发展成熟的砖雕墀头形式。墀头雕工上经历了由精细到繁复的过程，在高度上由起初与虾弓梁梁身大致等高，发展至虾弓梁梁底雀替大致等高，再发展至虾弓梁梁底雀替下一尺余高度。到晚清民国时候，砖雕墀头已演变为程式化的三段式，内容变化为以戏曲故事为主，雕工精细并注意到近大远小的观感效果。

4.5 柱

4.5.1 柱头

早期的柱头上会刻画出“栌斗”的形象，斗腰[②]清晰可辨，斗上有雀替，其上是檩条。根据柱头对于栌斗形象不同程度的模仿，可以分为3类：形象的栌斗，象征性的栌斗，没有做栌斗。晚清柱头已不做出栌斗样式。[39]

4.5.2 柱身（图4-3）

柱身有木和石两种材质，内柱总是木质的。檐柱的用料则从早期到晚期经历从木质到石质的转变。

① 硬山的山墙，是以台基直达山尖顶上的。如果要出檐，那么山墙的前后都要伸出檐柱之外，砌到台基边上。硬山山墙两端檐柱以外部分就叫墀头。后檐墙为封护檐墙时不设。墀头外侧与山墙在同一直线上，里侧位置在柱中加“咬中”尺寸处。

② 斗与升上部斗耳、斗口与下部斗底之间的部分。

柱身有两种形式，一为梭柱，一为直柱。佛山祠庙建筑中少见真正中间大两端小的梭柱，却有不少下部卷杀[①]的梭柱，亦有石柱模仿梭柱下部的卷杀。佛山祠庙建筑中的梭柱收分较大，卷杀缓和，使原本笨拙的柱子变得盈满优雅。较为早期的木柱、八角石柱、大方石柱有略微收分的做法，此外个别建筑的柱子还保留有北方唐宋建筑侧脚和升起[②]的做法。到了中后期，无论木柱或石柱，皆无收分且纤细、笔挺，仅在木柱底部作卷杀处理。

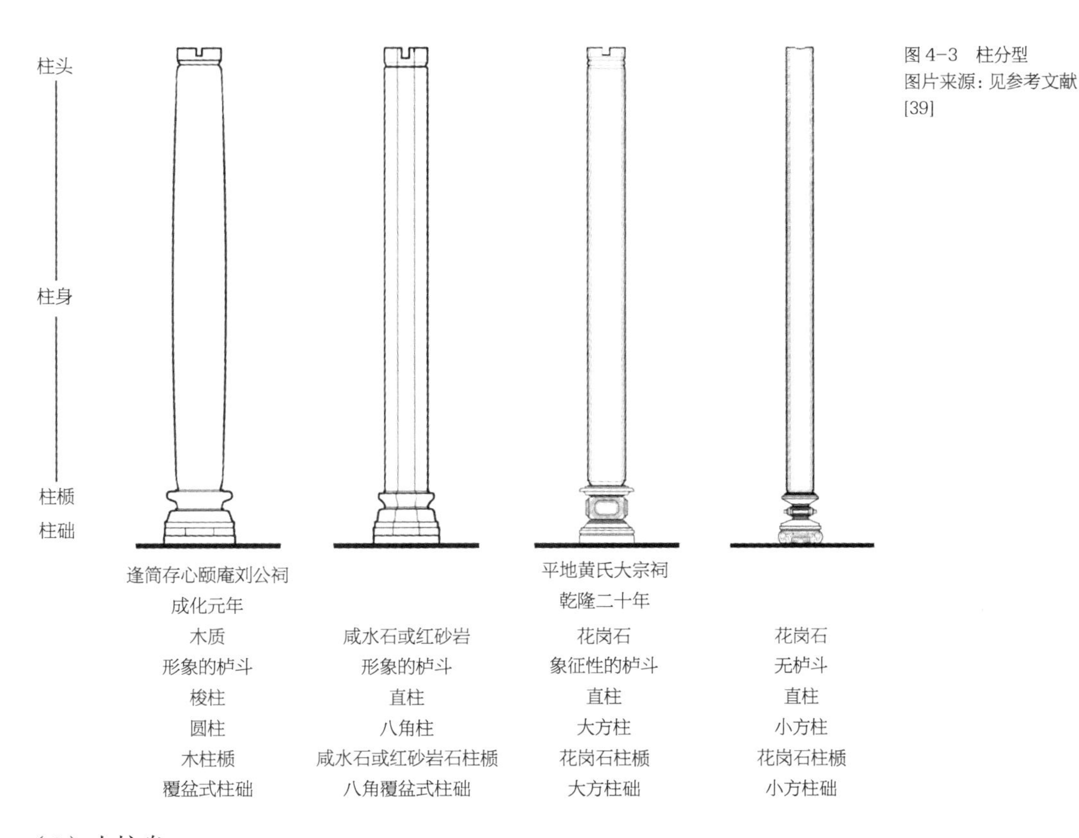

图 4-3　柱分型
图片来源：见参考文献[39]

（1）木柱身

木柱身都用原木，以质坚纹密者为上乘，如东京木、铁梨木等，部分建筑更是以红木为柱材。

柱身截面方面，木柱多为圆柱。木柱身都用原木，柱身面层可涂桐油，也可油漆，一般为栗色。个别建筑木柱身下有一段高大木鼓座，估计是用以解决木材长度不够的问题。案例有顺德区北滘镇的桃村报功祠与金紫名宗等。

① 对木构件轮廓的一种艺术加工形式，如栱两头削成的曲线形，柱子做成梭柱、梁做成月梁等。

② 唐宋建筑中檐柱由当心间（明间）向两端角柱逐渐升高的做法。使檐口呈一两端起翘的缓和曲线，整个建筑外观显得生动活泼，富于变化。这种做法也用于屋脊等处。明初以后渐废。

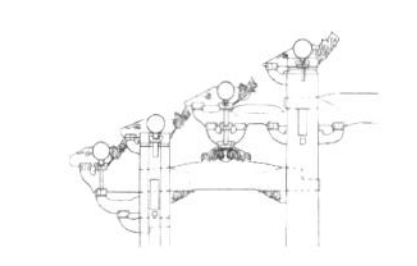

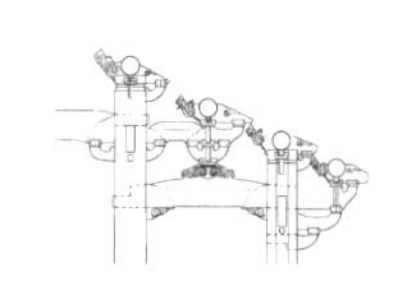

木柱尺寸较大，柱身在距离柱础一二寸的地方做卷杀。

（2）石柱身

石柱身可以分为咸水石、红砂岩、花岗岩三类。

柱身截面方面，石柱按截面形状大体可分成八角柱、大方柱、小方柱3种，柱身截面与材料的对应关系大致为：八角柱或大方柱对应咸水石或红砂岩；小方柱对应花岗岩。柱面一般光身，也有做凹槽的，比较华丽。

4.5.3 柱櫍

木柱柱身与石柱础之间，有一个独立的构件——柱櫍。柱櫍是一种古制，是置于柱础之上、垫于柱身之下的构件，用铜、石或木料做成。

（1）木柱櫍

佛山祠庙建筑中的柱櫍上部平坦，下部倾斜。木柱的木纹是垂直方向的，木柱櫍的木纹是水平方向的。木櫍的朝向也颇有讲究，一般木櫍纹路顺建筑通风方向。

（2）石柱櫍

大量的石柱身和石柱础之间都存在石柱櫍[①]。清中期以后，佛山祠庙建筑中柱础的櫍部分就逐渐更多采用石櫍了。柱櫍的造型也由起初单一的圆形截面发展成八角形、方形等丰富截面，以达到与柱子更和谐统一的效果。虽然石櫍截面丰富，但雕刻较为简单，以此衬托础身作为础的核心的地位。

4.5.4 柱础（图4-4）

柱下有石柱础承托，柱础在建筑体系中既是受力构件又具较强的装饰作用。

柱础全部为石质。石柱础可以分为咸水石、红砂岩、花岗岩三类。

础其外形由上而下大致可分为两个部分：础身、础座。

础身是柱础最富于变化、显现个性、精雕细琢的部分，其外形呈现各种变化：立面有覆盆[②]形、覆莲形、鼓形、半凹鼓形、束腰形、花篮形等，平面有圆形、方形、六方形及八方形等，也是时代性特征突出的部分。在柱础上常雕有线脚和花纹，雕饰有各种形式，随雕刻方法不同而风格各异。柱础与柱身截面的对应关系大致为：覆盆式对应圆柱，八角覆盆式对应八角柱；大方式对应大方柱；小方式对应小方柱。

① 石柱櫍与石柱础是一体的。

② 柱础的露明部分加工为枭线线脚，使之呈盘状隆起，有如盆的覆置，故名覆盆。

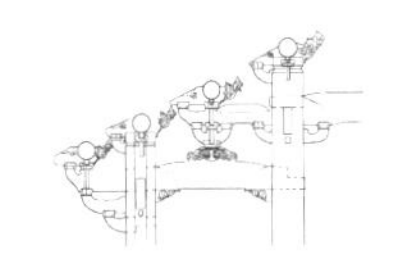

础座一般为方形，较少雕饰。但到晚清民国，也做成须弥座[①]的圭角[②]形式，有时也作一些复杂的浅浮雕纹饰，为表现纹饰的立体感，底部局部常常透雕，因而直接接触地面的面积也相应减少。个别建筑采用双柱础形式（图 4-5）。

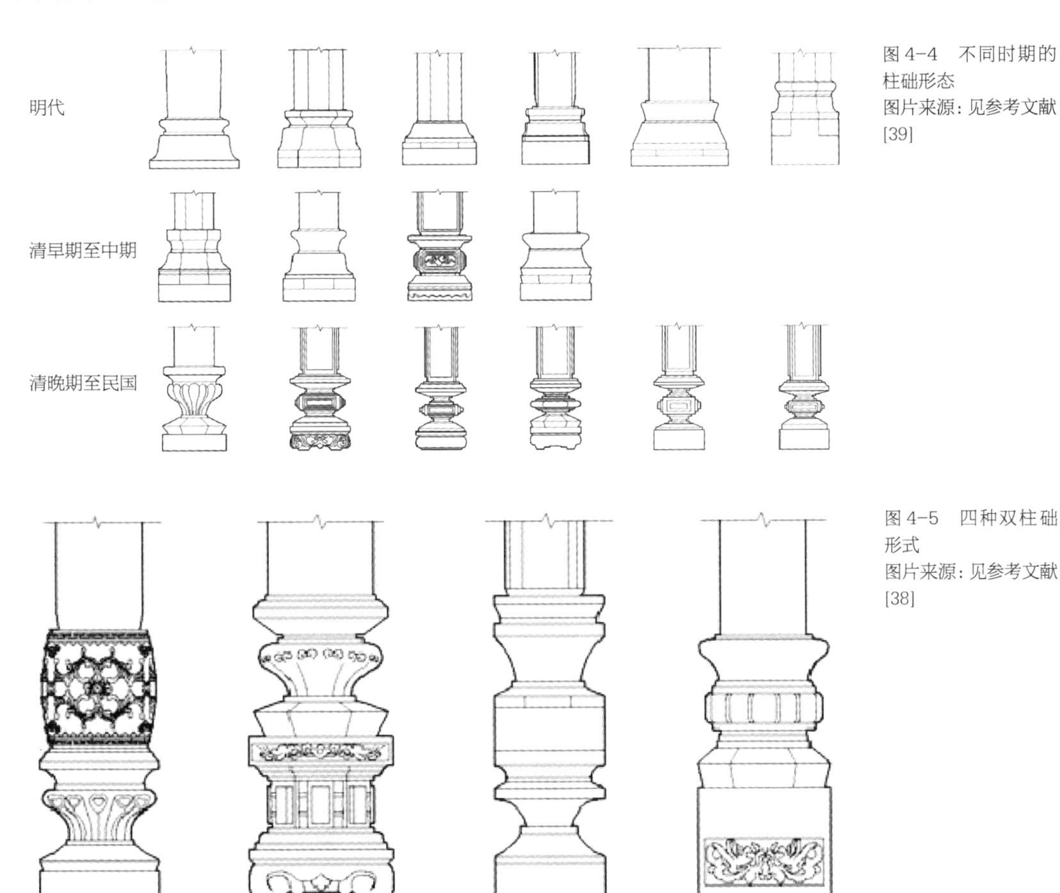

图 4-4　不同时期的柱础形态
图片来源：见参考文献[39]

图 4-5　四种双柱础形式
图片来源：见参考文献[38]

4.6　梁

按照材质梁可分为木梁与石额两种。

佛山祠庙建筑的木梁有两种形式：月梁与直梁。月梁是指梁栿做成“新月”形式，其梁肩呈弧形，梁底略上凹的梁。梁侧常做成琴面，并施以雕饰，外形美观秀巧。宋以前大型殿阁建筑中露明的梁栿多采用月梁做法。明清官式建筑中已不用，但在南方古建筑中仍沿用。直梁加工简单，应用较为

① 俗称细眉座或金刚座。一种叠涩（线脚）很多的台座，由圭角、下枋、下枭、束腰、上枭和上枋等部分组成，常用于承托尊贵的建筑物。须弥座是从印度传来的，原作为佛像的底座，后来演化成为古代建筑中等级较高的一种台基。须弥即指须弥山，在印度古代传说中，须弥山是世界的中心。

② 须弥座最底部的水平划分层。位于土衬石上方。一般都要雕做如意云的纹样。

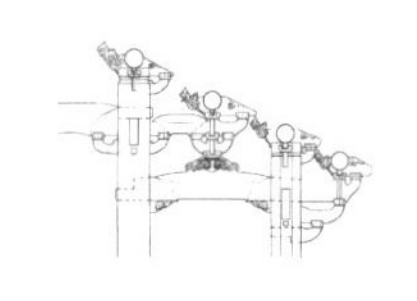

普遍。

为突出梁所在位置的重要性多采用月梁形式，一般与驼峰斗栱相对应的梁多为月梁，以显示梁架及其所处的门堂前檐、中堂等位置的重要程度，而其他地方与瓜柱及博古相对应的梁则多为直梁，少部分使用月梁。梁的各个侧面都有可能成为木雕装饰面。

随着石材加工的成熟，前檐纵架木梁渐渐被石额替代。木石转换的开始阶段，石作总是模仿木作，随着石作的成熟，逐渐摆脱木作的影响发展出石作特有的造型与构造。

4.6.1 木梁

木梁形态分为月梁、仿月梁与直梁 3 类。

早期（明代）祠庙建筑多用月梁，梁身轻微起拱，卷草雕饰集中在剥鳃[①]和雀替上，木材坚硬的质感、优美的纹理得到了很好的表现。梁式浑圆饱满，梁底起拱大，无花饰，梁头卷杀简洁。梁肩有卷杀，出柱榫头和无出柱榫头并存，梁头下部有用插栱和雀替两种构造做法。

早期对木构件表面的加工要求平整光滑以便于油饰，较少用彩画或贴金以表现优美的纹理。梁架各个构件多用圆弧卷杀，梁端下可搭配丁头栱或卷草纹雀替。

梁柱交接是通过榫卯构造完成的，其中梁端截面接近圆形，榫头截面则为矩形，为了消解梁端及榫头截面之间的突变，不同时期采取不同的处理手法。

木梁的形式演变可以概括为从形态到样式的一个转换过程：一方面，木梁在形态上的加工逐渐受到削弱，使木梁的原本形态逐渐显露；另一方面，随着木梁用料的减小，社会审美情趣的转移，木梁逐渐从月梁演变成雕刻画的布景板，样式变得丰富多变。

根据横梁的梁端形态，以及梁肩卷杀、梁底起拱、搭配的雀替（或丁头栱）形式，可以将横梁形态大致分为早中晚三期（图 4-6）。

早期梁端形态①为梁端处作斜杀，从而使梁截面从椭圆削减成矩形；早期梁端形态②处理得更为微妙，自梁肩最外端向下反弯形成“剥鳃”，剥鳃呈立体细腻的曲面，剥鳃以外之处则是方形截面的榫头。梁端通过弧形梁肩、剥鳃、梁底起栱、雀替等处理使整个梁端一气呵成。始建于成化年间的杏坛镇逢简存心颐庵刘公祠后堂，中跨大梁采用早期梁端形态①型，

① 梁端为过渡至插入柱子的榫口而做的卷杀，造型类似剥开的鱼鳃。

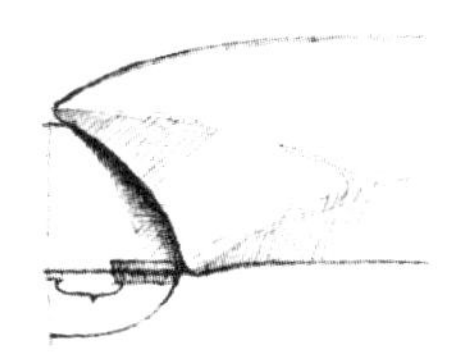

早期——月梁
梁肩卷杀 / 梁底起拱
用丁头栱或卷草纹雀替

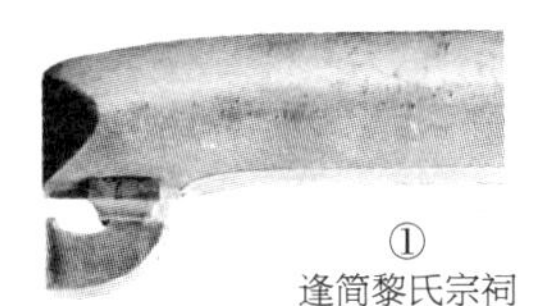

①
逢简黎氏宗祠

②
朝议世家邝公祠

中期——仿月梁
梁肩仿卷杀 / 梁底起拱
用卷草纹雀替

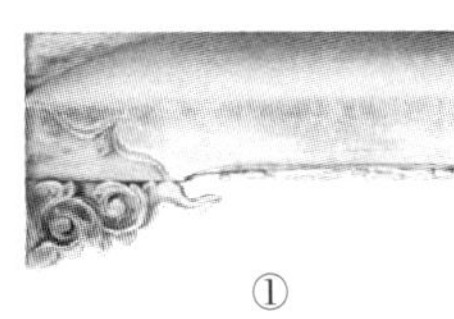

①

②
平地黄氏大宗祠

晚期——直梁
梁肩无卷杀 / 梁底起拱
不明显用透雕的花板

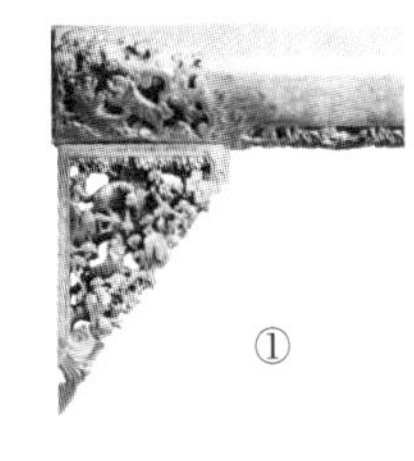

①

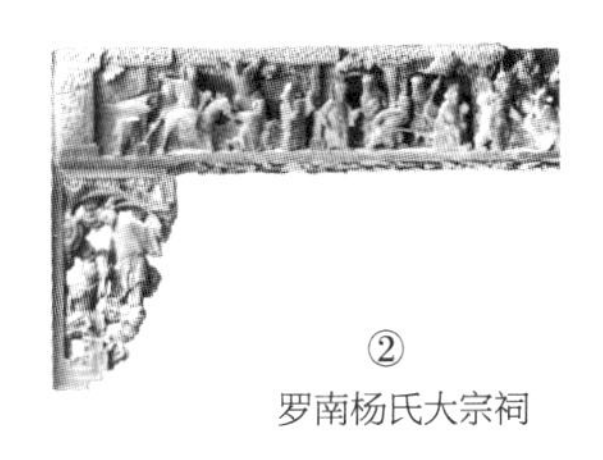

②
罗南杨氏大宗祠

图4-6　木梁形态分型
图片来源：见参考文献[39]

而大梁以上的二梁、三梁则采用早期梁端形态②型。

中期梁端形态①，大梁的用料变小，梁肩并无削透，仅模仿性地将梁肩砍出，榫头截面高度接近总梁高，且榫头少见穿透柱身，出头的次数减少，剥鳃线条更为复杂，剥鳃以内可以进行雕饰，并带动其下的雀替在形式上发生变化，使两者的结合度更高。中期梁端形态②，与早期形态相比，此时的木材不再完全通过自身造型、纹理来表达美感，而主要通过雕刻来进行表达。中期梁端形态②型木梁采取雕满梁身的做法，梁端所配套的雀替在梁底起栱处结束，形式上很好地与梁端结合。中期梁端形态①及中期梁端形态②往往同时存在于同一座建筑的不同位置上。

后期木梁梁端形态进入程式化阶段。在形态上，木梁成为一根平直的圆木，梁肩与剥鳃几乎彻底消失，梁端处作浅雕，梁柱交接处沿着柱身剜挖，直接插入柱身。雀替也发生了较大的变化，形态上面积变大、形状变高，题材上从卷草纹变为更具装饰性的各类花鸟人物。有时会采用满雕梁身的做法，梁身被雕成一幅场景画，两边梁端浅雕卷云纹，成为画框。雕刻题材可以突破梁身的边界，将画面延伸至梁上的柁墩。梁及其上的柁墩共同成为了这幅场景的布景板，结构逐渐让位于装饰，以至于柁墩在结构不需要的位置上出现了。[39]

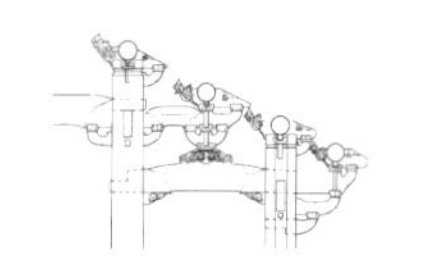

4.6.2 阑额

阑额材料可分为木、石两大类。石额总是出现在门堂、中堂或拜亭的前檐纵架之上,而横架上从不使用石材。清初部分建筑开始使用石阑额(一般为花岗岩材质)来取代木阑额,仿月梁形式,在两端梁头象征性跌落一点,到清中期,梁头跌落非常明显。

阑额经历了从木到石的材料转换,大致分为 4 个阶段(图 4–7):

①型是最早的纵架阑额,与木梁形式类似,如明隆庆与万历年间(1568—1580)的朝议世家邝公祠,其门堂阑额的做法与横梁非常接近。

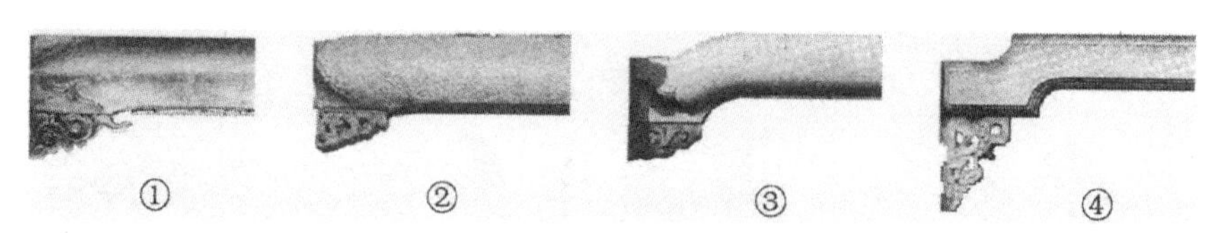

图 4–7 阑额分型
图片来源:见参考文献[39]

②型石额刚刚诞生的时候,无法摆脱对于木构件的模仿。如建于清乾隆三十四年(1769)的北水尤氏大宗祠门堂,其前檐石额仍然接近于木梁:有明显拱起的梁肩,梁身两侧为圆滑的琴面,拱起处过渡柔和;梁端仍使用剥鳃以处理琴面梁身与矩形榫头之间的突变;梁底拱起,梁下雀替在梁底起拱处结束。早期的石额与同时期的木梁形制具有很多类似之处。

③型是中期的石额,既沿用了早期石额的接近于木材的椭圆形截面,也有明显的剥鳃做法,同时,梁身有夸张的起拱,形态上更接近晚期的“虾弓梁”。

④型是晚期具有浓厚广府特色的石额,几乎摆脱了对于木作的模仿,其截面为矩形,线脚棱角分明。梁肩呈 S 形,梁底夸张起拱,不用剥鳃,其造型就像一把弓,因此得名“虾弓梁”。其源流应来自于木作月梁。[39]

4.7 结构交接

结构交接的构件包括驼峰(柁墩)、斗栱和托脚。

4.7.1 驼峰(柁墩)

驼峰是梁栿之上支承、垫托作用的木墩,宋元时因做成骆驼背形,故称驼峰,后期发展为墩状的称柁墩。广府祠庙中斗栱总是立于驼峰之上的,并没有出现过脱离驼峰而使用的斗栱组合(有驼峰坐斗承脊檩的做法)。

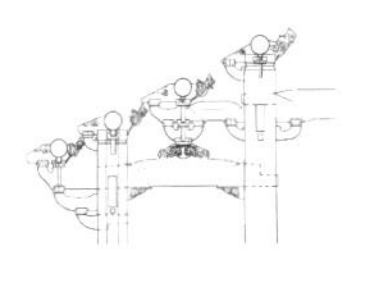

驼峰按材质可分为木、石两大类，按其所在位置可分为横架、纵架两大类。其中横架上必须使用木驼峰；纵架上可使用木驼峰或石驼峰，这主要取决于阑额的材质。一般情况下，阑额与其上驼峰的材质是相同的。

横架驼峰（柁墩）为木构件，按其形式可分为 4 类（图 4-8）：

①（如意纹样）朝议世家邝公祠

②（卷草样）碧江尊明祠

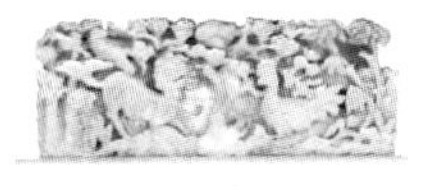

③（祥瑞样）

④（戏剧样）平地黄氏大宗祠

图 4-8　横架木驼峰（柁墩）分型
图片来源：见参考文献[39]

横架驼峰①型（如意纹样）：造型呈峰状突起，一般雕有如意纹样，雕工简洁有力。

横架驼峰②型（卷草样）：相比如意纹样驼峰，卷草样驼峰装饰更为复杂，在构件上出现了纤细的卷草浮雕装饰，但如意纹的卷纹眼仍然清晰可辨，是基于如意纹样驼峰的一种发展形式。

横架柁墩③型（祥瑞样）：祥瑞样驼峰的轮廓仍大体遵循早期驼峰呈峰状突起，但并不明显，开始向“柁墩”状过渡。同时，如意纹的卷纹眼已经不可辨认，取而代之的是更繁杂的繁花纹浮雕，往往出现狮子、灵鸟等形象。

横架柁墩④型（戏剧样）：集中出现在清乾隆三十四年（1769）的北水尤氏大宗祠，并在清代中后期成为主流。戏剧样柁墩基本失去了“峰状突起”的形态特征，而成为一块满雕的木墩。装饰题材主要为故事、戏曲等，情景逼真生动。连体式戏剧样柁墩出现在清末，深受青睐。普通尺寸的柁墩已经无法满足大型场景的刻画，这类柁墩与满雕的梁架连成一体，共同完成一幅宏大的戏剧画面。

纵架驼峰（柁墩）可按照用材分为木、石两大类。按其形式可分为以下 4 类（图 4-9）：

纵架驼峰①型相当于早期木驼峰，即横架驼峰①及②型（如意纹样及卷草样）。案例以大沥镇大镇朝议世家邝公祠的造型最古。

纵架柁墩②型相当于晚期木柁墩，即横架柁墩③及④型（祥瑞样及戏剧样）。案例如顺德区杏坛镇麦村秘书家庙。

纵架柁墩③型为早期石驼峰，模仿了如意纹样木驼峰的样式。驼峰上为石制的一斗三升，逼真地模仿了木制的一斗三升，有显著的斗腰、栱眼[①]等特征，但栱、升为同一块石料。

① 栱上部两边的刻槽。

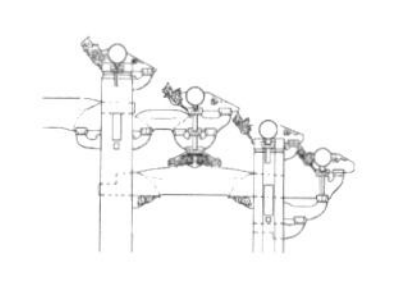

图 4-9　纵架驼峰（柁墩）分型
图片来源：见参考文献[39]

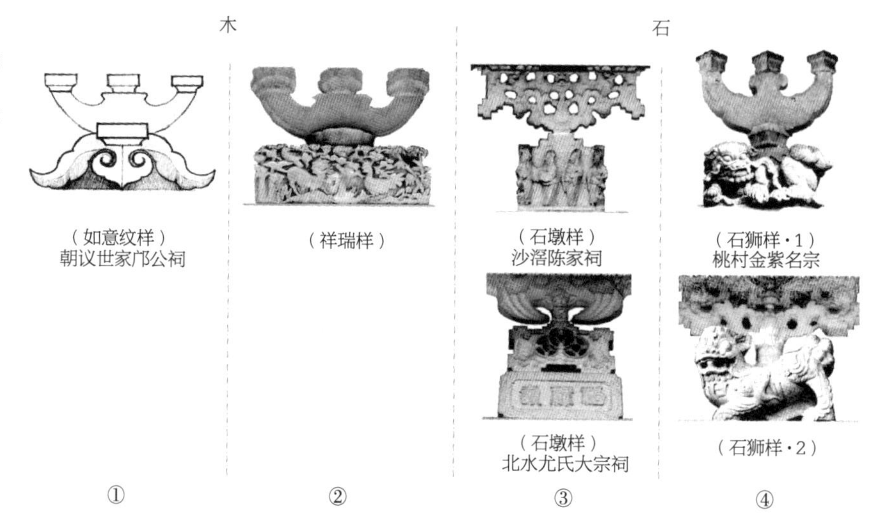

纵架柁墩④型为晚期石柁墩，摆脱了对木驼峰或柁墩的模仿，被雕制成各式承托金花的石件，造型通透但偏于扁平化，款式丰富。梁上构建一律为金花狮子或石花篮，为固定搭配。大量门堂石额上的石柁墩被雕刻成狮子。根据石狮的形态及其上构件，可细分为两类：一为石狮上承托一斗三升，狮子作蜷缩或匍匐状，形态上较接近一块柁墩；二为常见的“金花狮子”，即石狮上承托一朵盛开的石花，石狮后跟多有提起，头部昂扬，表情嚣张，因此整体形态较高，与柁墩相去甚远。

纵架驼峰（柁墩）与纵架阑额的演变规律具有极高的契合度，证明了纵架驼峰（柁墩）与其下阑额在形式上是匹配的。[39]

4.7.2　斗栱

斗栱结构上有 4 种重要的分件，除佛山祖庙外，佛山祠庙建筑中的斗栱一般没有昂①构件的做法，但保留有斗②、栱③、翘④、升⑤等部分。其中在佛山祠庙建筑中常见的斗栱形式有如意栱式，除正出的昂翘外，另有 45°

① 昂（下昂，飞昂）：斗栱的构件之一，又名下昂，飞昂。它位于前后中线，向前后纵向伸出贯通斗栱的里外跳且前端加长，并有尖斜向下垂，昂尾则向上伸至屋内。功能同华栱，起传跳作用。一般称昂即指下昂，叫下昂是对上昂而言。在内檐、外檐斗栱的里跳，或平坐斗栱的外跳中，昂头向上外出、昂尾斜向下收、昂身不过柱中心线的昂，叫上昂。上昂多用于殿堂内部。“飞昂”一词，早见于三国时期的文学作品中，因其形若飞鸟而得名。

② 栱的两端，介于上下两层栱之间的承托上一层枋或栱斗形木块，叫升，实际上是一种小斗。升只承受一面的栱或枋，只开一面口，主要有三才升和槽升子。

③ 我国传统建筑中斗栱结构体系内重要组成构件之一。为矩形条状水平放置之受弯受剪构件。用以承载建筑出跳荷载或缩短梁、枋等的净跨。至迟在周代已经出现，汉代普遍使用。在平面上常与柱轴线垂直、重合或平行，也有呈 45° 或 60° 夹角的。

④ 斗栱中向内、外出跳之水平构件。最下层者安于栌斗口内，与泥道栱垂直相交。

⑤ 栱的两端，介于上下两层栱之间的承托上一层枋或栱斗形木块，叫升，实际上是一种小斗。升只承受一面的栱或枋，只开一面口。

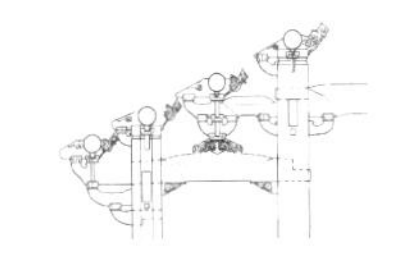

斜出的昂翘相互交叉，形成米字形“网状”结构的斗栱，在岭南地区又名“莲花托”，主要见于牌坊及牌坊式大门，顺德伦教羊额的月池公祠中堂前檐檐枋也保留如意斗栱做法。

由于斗、栱两个构件常出现固定的形式搭配，大致可分为 4 种类型（图 4-10）。

①

栱身不出峰方斗

②

栱身出峰莲花斗

③

栱身分级方斗亚型

④

栱身圆雕方斗亚型

图 4-10　横架斗栱分型
图片来源：见参考文献[39]

①型（方斗，栱身不出锋[①]）：栱身宽阔，作圆滑的卷杀，卷杀线条简单流畅，栱身不出锋，常与方斗搭配，浑厚有力。

②型（莲花斗，栱身出锋）：栱身用材明显较①型细，亦作圆滑的卷杀，但卷杀线条开始变得婉转多变，栱身出锋，常与莲花斗搭配，斗栱纤细而富有装饰性。

③型（方斗亚型，栱身平级）：栱身是呈阶梯状的平级，大体轮廓与前两类相近，但明显具有更强烈的装饰意味，栱身的表现力不再依靠形态的塑造而转移到样式上，栱的原有形态变得模糊。常与方斗搭配，与①型的方斗不同，斗的用材变小，斗底常带有花瓣等装饰，具有很强的装饰性。

④型（方斗亚型，栱身圆雕）：完全摆脱了对栱的模仿，装饰主题主导了构件形体。常与具有装饰性的方斗搭配，方斗形式同③型。[39]

4.7.3　托脚

托脚在岭南地区又名“水束”，是驼峰斗栱梁架中不可或缺的组成部分（图 4-11）。托脚是宋式大木构件，尾端支于下层梁栿之头，顶端承托上一层槫（檩）的斜置木撑，有撑扶、稳定檩架，使其免于侧向移动的作用。唐、宋、金、元建筑中常有托脚，明代则少见，在中原的清式建筑中已无托脚，而在广府传统建筑中托脚这一古制得以保存，形式丰富，常见为 S 形、S+ 形、鳌鱼形等形式。

托脚作为驼峰斗栱抬梁式梁架中的承檩构件，用于拉结前后斗栱以增

① 构件端头以 30° 角或其他角度向外凸出形成的尖锋。古建筑木构件端部或尾部的装饰手法之一。

强梁架的整体性。就其所在位置而言，托脚位于斗栱最上层，斗栱至托脚处不再出跳。托脚根据其拉结作用可以分为两大类：一类仅用于承檩，另一类在承檩的同时具有拉结前后步架的作用。后者根据其形式又可分为 3 类，具体描述如下（图 4-12）：

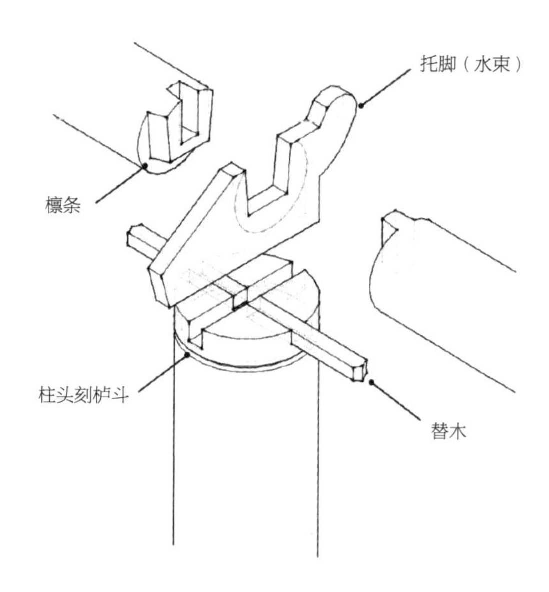

图 4-11　托脚与柱檩交接示意图
图片来源：见参考文献[39]

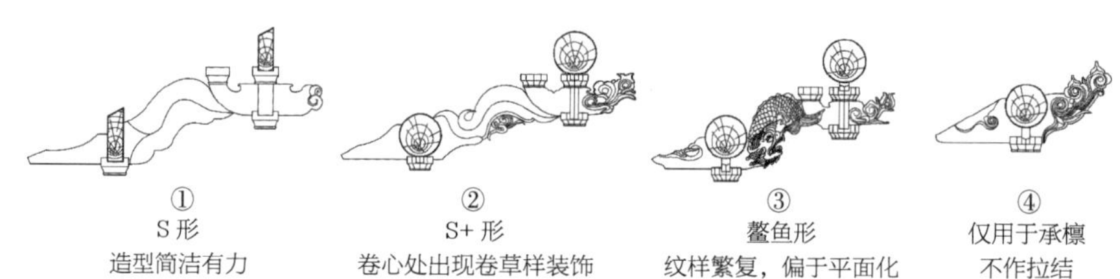

图 4-12　托脚分型
图片来源：见参考文献[39]

①型（S 形）：呈“S”形，一端连接下层檩条，另一端连接上层栱头，造型简洁有力。S 形托脚是较为古老久远的造型，大多是明代和清代初期，托脚较为舒展。如始建于清康熙五十九年（1720）的顺德北滘镇林头郑氏大宗祠。

②型（S+ 形）：与①型类似，亦呈“S”形，区别在于卷心处出现卷草样的装饰，或繁或简，有些则雕刻成似龙非龙状。如万历戊子年（1585）的仙涌朱氏始祖祠和禅城区张槎杨氏大宗祠。

③型（鳌鱼形）：托脚呈鳌鱼（龙鱼）状，一般龙头朝下连接下一层檩条，龙尾连接栱头。即龙尾大多情况朝上连接栱头，但有时龙尾也朝下，两种造型都憨态可掬。这类托脚具有很高的装饰性，纹样繁复但造型偏于平面化，对于圆檩还起到固定及拉结作用。③型大量出现于沙边何氏大宗祠。三水大旗头村振威将军家庙，南海大沥镇沥东吴氏八世祖祠在大修时门堂前檐梁架托脚均采用鳌鱼形托脚。[39]

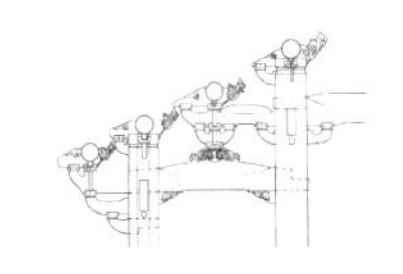

4.7.4 横架斗栱组合

在佛山祠庙建筑中，上层的梁和托脚会参与到一组斗栱的构成当中，通过不同的组合次序，可以分为以下 4 种类型（图 4–13）：

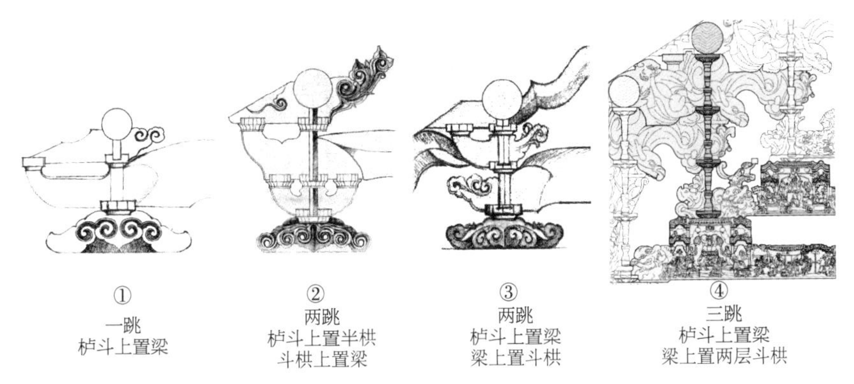

图 4–13 横架斗栱组合分型
图片来源：见参考文献 [39]

①型为单跳斗栱组合,坐斗上直接承梁,梁端做“斗口跳①”支承托脚。②型的案例存在年限最为短暂，且集中在明代，为当时的主流形制。②型横架斗栱组合的构造特点为：栌斗上有一组完整的十字栱，十字栱的中心及四个栱头上各置一斗；顺梁方向上第一层横栱承托上层梁，上层梁梁端做斗口跳而成为第二层横栱；顺檩方向上第二层纵栱较第一层纵栱长，置于其上，可防止上层梁在水平方向上摆动。③型为两跳斗栱组合，坐斗上直接承梁，梁上承第二跳斗栱，再承托脚。③型横架斗栱组合在明代晚期后取得主流位置。两类横架斗栱组合可以同时出现在同一建筑物上，如五开间的林头郑氏大宗祠，中堂心间前跨梁架使用③型横架斗栱组合而次间梁架使用①型横架斗栱组合。④型仅有明晚期的沙边何氏大宗祠，为了实现心间屋面高于次间屋面的牌坊式门堂，即心间檩条搭在三跳斗栱上而次间屋面搭在第一跳斗栱上，因而采用了三跳斗栱。相比之下，②型横架斗栱组合以外的各类型斗栱构造做法，上层梁均直接置于栌斗之上，同理，第一层纵栱可以防止上层梁的摆动。[39]

4.7.5 梁柱交接

驼峰斗栱梁架和瓜柱梁架的梁柱交接方式有较大差别。

驼峰斗栱梁架的梁柱交接方式为插梁式，大致呈圆形的大梁截面，在梁端处转换为矩形截面的榫插入柱身，根据是否穿透柱身，可分为透榫和不透榫两种类型（图 4–14）。[39] 除一些主梁入柱做变截面透榫外，其他次

① 在栌斗侧向施泥道栱，上承柱头枋，正面只出华栱一跳，上施一斗，直接承托檩檐枋的做法。

梁很少做透榫。榫卯长度小可能会造成脱榫而破坏结构，为此，梁榫与柱卯的交接处多做一暗榫，使梁柱连接牢固，不易脱榫。

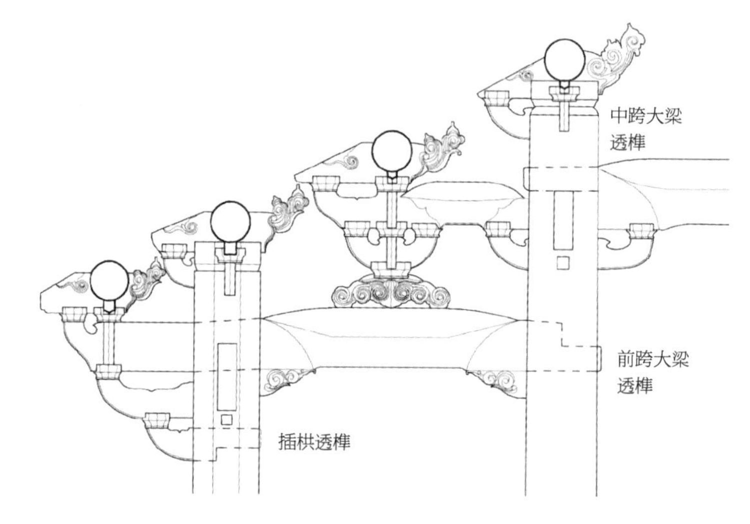

图 4-14　顺德北滘碧江尊明祠透榫示意图
来源：见参考文献 [39]

瓜柱梁架的梁柱交接方式可分为穿式、沉式两类。

穿式瓜柱横架的典型特征是梁穿过瓜柱并出扁平状梁头，即瓜柱中挖一个长方形的卯口，梁也由交接部分开始削成长方形的榫头，榫头穿过瓜柱卯口，梁头呈扁平状。瓜柱与梁在交接方式上的特征形成了此类瓜柱梁架造型上的特征：第一，梁头呈扁平状，常雕刻成龙头形状。第二，瓜柱呈瘦长形。穿式瓜柱立在一根梁上，柱身又被上一根梁穿透，柱头常作一些栌斗阴刻，上还需承托一根檩条，所以相较沉式瓜柱，穿式瓜柱会较长。第三，弧线不对称。由于梁是穿透瓜柱的，所以需要在穿透的那部分进行削薄，为了让梁与瓜柱交接地方显得更美观一些，就将梁靠近瓜柱单向处雕刻成“)”或“(”弧形，而瓜柱自身是直线、不需要弧线形雕刻，这就使得每个瓜柱侧边梁身弧线呈不对称状。

沉式瓜柱横架的典型特征是梁由瓜柱上端放入瓜柱内，即瓜柱上部挖一个槽，梁在交接口也削薄成与槽相应的形状，梁自上而下放入瓜柱预先挖好的槽内。此交接方式形成此类瓜柱梁架造型上的特征：①梁头呈圆柱体，如梁身。因是自上而下沉入瓜柱，所以只需将梁与瓜柱交接部位进行砍削，梁头还是可以保留与梁身相同圆柱体形状。梁头一般浅浮雕回纹、涡卷纹等。②瓜柱呈葫芦状。相较穿式瓜柱梁架，沉式瓜柱显得胖圆一些，而且上面小、下面大，上下弧线明显，呈葫芦状。瓜柱上端直接承檩，柱口刚好卡住檩条，直径较小，下端靠梁处直径与所靠梁直径略等，从而上小下大，中间又有梁，使得瓜柱身呈现“)”、“(”弧线，整体如葫芦状。③弧线对称。由于梁是沉入的，所以不仅梁在交接处需要砍削，而且瓜柱也需进行相应整削

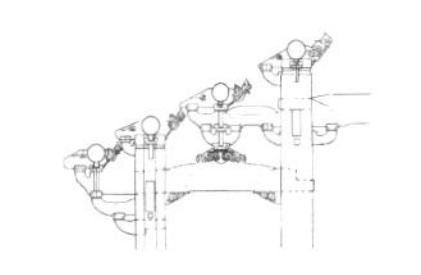

以配合梁的放入，所以每个瓜柱的两侧弧线是对称的“)”及“(”状。第四，替木的增加。由于梁一般沉入瓜柱的中部，所以瓜柱上部与檩条之间就有一段空槽，为增加梁架的牢固性，在空槽中就放置一块替木。也有部分檩条是直接放在瓜柱和瓜柱所沉入的梁上，这时就不需要增加替木了。[38]

4.7.6 柱檩交接

①柱子直接承檩

在佛山祠庙建筑中，一般情况下柱子直接承檩，简单有效。在柱檩交接的节点中，有时也会出现如托脚、插栱、替木等构件作为衔接。柱檩交接的节点做法是：顺檩方向上，柱身两侧伸出插栱与柱头共同承托替木，替木之上为檩条；顺梁方向上，柱头上置托脚，其上为檩条。

②斗栱承檩

斗栱承檩的节点构造，顺梁方向上，横栱承托脚再承檩条，托脚可固定檩条防止檩条摆动；顺檩方向上，纵向栱承替木再承檩条，替木可以在形体上衔接檩条与其下的斗。明代以后的佛山祠庙建筑，方檩减少，圆檩取而代之。圆檩的使用让替木变得必要——替木为圆檩与升的交接带来了缓冲。

③瓜柱承檩（图 4-15）

瓜柱下部依照大梁上沿剜挖，瓜柱直接放于梁上，瓜柱底部留有榫头，榫头插入梁中增强瓜柱的稳定性。瓜柱上部则透挖出方槽用于放置上梁，因此上梁与瓜柱交接处亦要将截面削减成矩形。瓜柱上沿直接置檩，很少出现托脚或替木构件。偶有瓜柱承檩组合中出现替木构件，如杏坛镇龙潭的南隐梁公祠。[39]

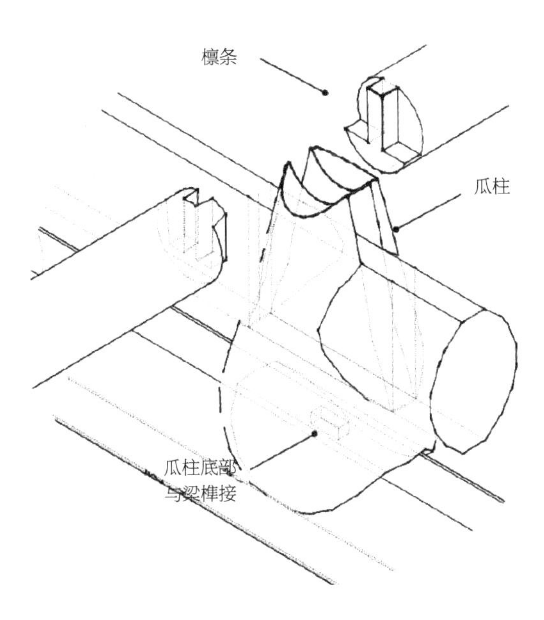

图 4-15　瓜柱承檩与梁柱交接示意图
图片来源：见参考文献[39]

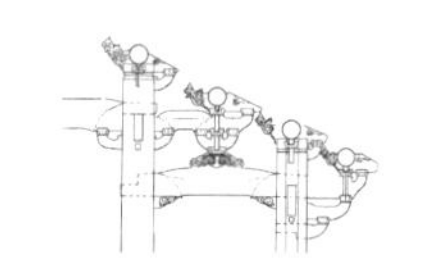

4.8 檐部结构

檐柱通过梁栿与金柱搭接形成前后跨，跨度一般为两步或三步，前檐梁上可设轩廊，成为厅堂的重点装饰位置，因而梁架形式较为丰富。

檐廊梁架的双步梁上有用月梁、曲梁者，有用瓜柱、斗栱、穿插枋①支承檩条者。大一些的做卷棚梁架，或用双短柱来承托檩条，也有做成回形纹②梁架，用柁墩支承檩木的。出檐部分有用单栱、挑檐枋③出檐者，有用博古木代替挑檐枋出檐者，有用鸟兽飞跃纹木代替挑檐枋出檐者，也有用回形木代替挑檐枋出檐者。在构架的细部处理上，无论梁头、瓜柱、驼峰、垂莲④，雕饰都非常精致。

檐柱也经历了从木檐柱到石檐柱的过程。就石檐柱截面及其高宽比而言，这个演变大致呈现出一个从圆到方、从粗壮到纤细的过程。从刚开始对于木材的模仿，渐渐发展为石材独有的形态。早期檐柱直接挪用了室内金柱的形式与做法，从八角形石檐柱开始，是一个逐渐“题材化”的过程：柱础拥有更大面积的装饰区域；柱础被塑造成水果、花篮或是竹子等形态，并且实在很难分辨这是一种装饰或是构件本身。

按挑檐情况可分为有挑檐、无挑檐两大类（图 4-16）。随着石材优异的防水性能逐渐发挥，用于保护木檐柱的挑檐构造失去了存在意义，慢慢消失。

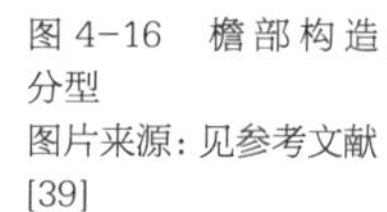
图 4-16　檐部构造分型
图片来源：见参考文献[39]

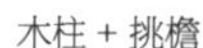
①
木柱 + 挑檐

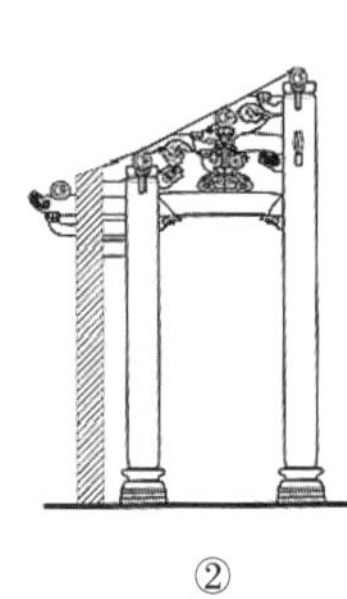
②
墉 + 木柱 + 挑檐

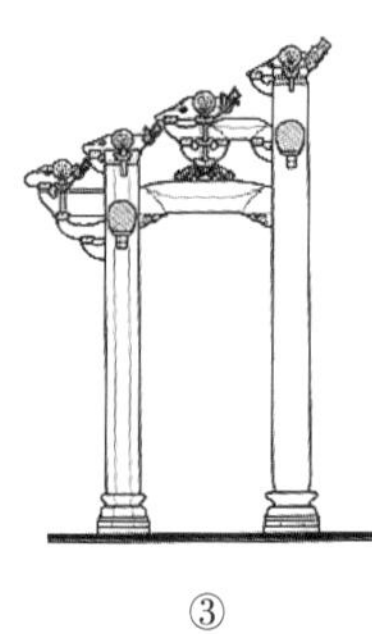
③
石檐柱 + 挑檐

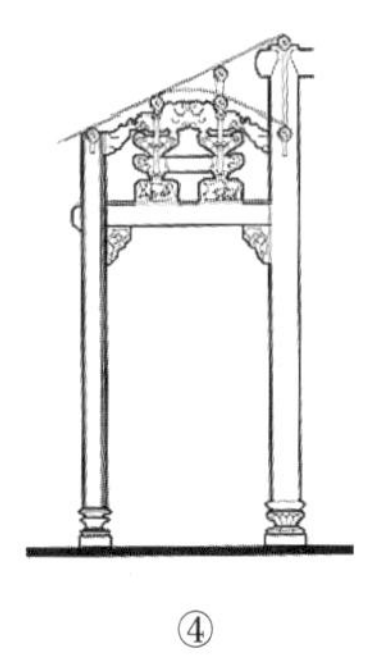
④
石檐柱 / 不挑檐

① 在抱头梁下并与之平行的小梁，其作用为辅助大梁连接檐柱与金柱。其长为廊步架加 2 份檐柱径，枋高同檐柱径，厚为 0.8 柱径，前后两端均做透榫。唐、宋时无此构件；元代后开始出现，清式建筑中多用。穿插枋用在清式带檐廊的小式建筑中，大式建筑中不用。

② 古代纹饰之一，连续的“回”字形纹样，简称回纹。

③ 斗栱外拽厢栱上的枋。宋时叫撩檐枋，但略有不同处，即挑檐枋上都有桁（挑檐桁），而宋代用撩檐枋时上面没有桁。

④ 即垂莲柱。又称吊柱、虚柱、垂柱。吊挂于某一构件上，其上端固定，下端是悬空的柱子。垂柱下端头部多雕刻莲瓣等作装饰。常施于垂花门或室内。

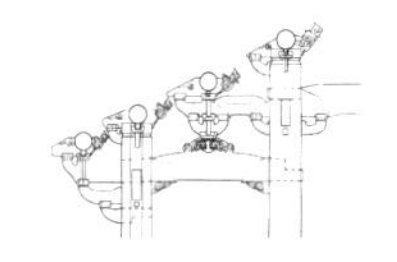

随着对广府地区潮湿多雨气候的逐渐适应，木檐柱逐渐被石檐柱所取代，可以分为 4 个阶段：

4.8.1　木檐柱，挑檐

这是明代主要的檐口构造类型，木檐柱的样式为：柱头为形象的栌斗，木柱身，覆盆式柱础。

4.8.2　木檐柱外设墉，挑檐

早期的檐柱为木檐柱，广府地区潮湿多雨，在木檐柱之外设檐墙以保护木檐柱的做法相当普及，这种檐墙称为“墉”。墉上一般设有砖做的花窗，以增加厅堂的采光效果。于中堂前檐位置设墉是清初期广府传统建筑的典型特征，尤其墉上设有花窗成为中堂立面的经典形象。极个别祠堂，如位于杏坛镇大街的竹所罗公祠，在墉上设窗格，窗洞让挑檐木件自然地伸展出去。

4.8.3　石檐柱，挑檐

早期石檐柱的形制，柱头为形象的栌斗，柱身截面为八角形，柱础为八角覆盆式柱础。这种石柱一般采用较为疏松的咸水石或红砂岩，柱身粗壮，不适合作抹角①处理，故这类八角石柱造型敦实简朴，富有力量感。柱础、柱槓的造型为八角覆盆式；柱头的造型为八角形“栌斗”，与替木、檩条的交接也沿用了“单斗只替②”的方式。

中期石檐柱柱头为象征性的栌斗，柱身为大方石柱，柱础为大方式柱础。

4.8.4　石檐柱，不挑檐

后期石檐柱的形制为柱头无栌斗，柱身为小方石柱，柱础为小方式柱础。这种小方石柱变得史无前例地纤细；有着富有表现力的线脚，海棠口③、竹节纹的抹角纷纷出现；柱础变得更高，并做出花篮、杨桃等造型，束腰处极为夸张。[39]

对应小方石檐柱的檐部构造形式为石檐柱，不挑檐。

① 于转角处做出圆的“弧面”称为“抹角”。

② 宋《营造法式》中一种低级的大木做法，是一种简单的斗栱做法，推想是在柱头栌斗上加一条替木来承托梁和槫。这种大木做法在次要房屋中是普遍使用的。

③ 将平面转角切去一方块（或近方块）而似“海棠纹”者称为“海棠口”。

5 佛山祠庙建筑小木作

≫ 门
≫ 窗
≫ 雀替和梁头
≫ 围栏、垂带石
≫ 罩、横披
≫ 檐板

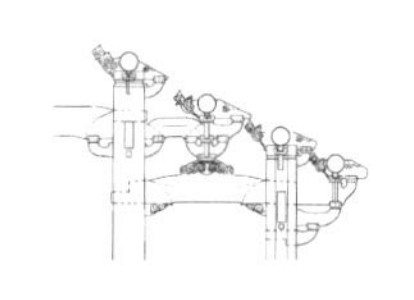

小木作主要指传统装修，佛山祠庙建筑中常有用于室内外的檐板、横披、隔扇、门窗、屏门、罩、挂落等。

5.1 门

①门面材质

门堂是建筑最重要的感官视觉重点，心间大门作为建筑的唯一或主要入口成为一个建筑的脸面，是重中之重，也是表现门第贫富贵贱的一个重要部位。门面的大小、门槛的高低和装饰的繁简反映了户主的身份和地位。门面的材质，主要有木、红砂岩、花岗岩、青砖等几种。

木门面指的是门堂心间整间为木材构成。这种形式主要分布在顺德、南海地区。如乐从镇沙滘陈氏大宗祠、沙边何氏大宗祠，北滘镇林头梁氏二世祖祠，杏坛镇右滩黄氏大宗祠、杏坛镇大街苏氏大宗祠，南海大沥镇曹边村的曹氏大宗祠等。岭南在建筑上保留了诸多古制，采用木门面做法的祠堂大多历史悠久，一般都始建于明代。

红砂岩、花岗岩门面是指除大门用木材外，大门周边使用红砂岩或花岗岩作门框。红砂岩门面的建筑历史比较悠久，多为明代或者清代初期建成。花岗岩门面年代较晚，一般使用质地细腻、宜于雕刻的青花岗岩。

青砖或砖石门面是指除大门用木材外，大门周边使用青砖作门框，或者大门门框为花岗岩其余部位用青砖。使用这种门面主要是因为家族的经济实力不够雄厚。[38]

②门的形式

佛山祠庙建筑除了大门外，还有厅堂门、屏门（隔断）、矮脚门、门洞等。

大门框用条石，凿成简洁的线条，门框两侧的墙面，用方形浮雕式图案的石板。大型凹斗门还会设檐柱，大门外墙面饰有彩色浮雕石框，庄严而大方。

厅堂门都是面向庭院，通常做成格扇形式，既为门、又为窗，通风采光兼用；在构造上做成拆装型，夏季可拆除，以利通风，成为敞厅，冬季则装上，可避寒风。格扇根据开间的大小可设四扇、六扇、八扇等，基本取偶数。格扇上分格芯与裙板两部分，高度很大的格扇则增加池板部分。格芯式样很多，有棂子构成的条框、方格、万字、菱花、冰裂纹、框格玻璃镶嵌等。格扇门中，最高贵的格芯是用整块木板雕镌而成的通雕雕饰，题材有花鸟、人物等。裙板多施花卉、植物和动物雕刻，以浮雕和阴雕居多。其他的门用木板做成，一般做成双扇形式。

屏门（隔断），在民居中较多采用。屏门主要用作室内空间的分隔，

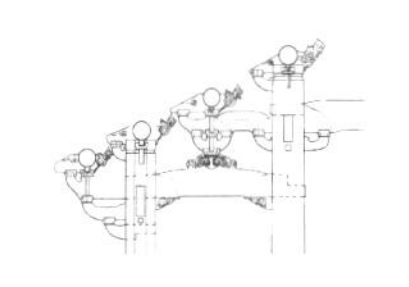

式样与格扇相似，但更为精致，屏门一般取偶数，上面常雕有题材丰富的木刻。

矮脚门形式有双扇或四扇。矮脚门的上部常用图案式棂子作为格芯题材，下部裙板多以浮雕为主。

门洞则有圆形门、瓶形门、八角形门等。

③门枕石

门枕石为清代称谓，宋代称作“门砧”，位于门槛两端下部，用以承托大门转轴的石构件。门枕石通常为一整块长方形石料，一头放在大门门槛里面（常被削成半圆形），一头露在门槛两头的外面，因负重之结构功能所需，故露在门外那部分大多两倍于门内那部分。

门枕基本为石质，主要基于其负重功能。石材主要为红砂岩、咸水石和花岗岩三种。从目前留存的门枕石来看，花岗岩门枕石在清代中期以后广泛使用，早期较多使用红砂岩和咸水石。除花岗岩、红砂岩石外也有个别建筑使用汉白玉，以彰显家族的富裕，建于清光绪五年（1879）的顺德均安镇上村李氏宗祠即是如此，汉白玉门枕石为祠堂亮点之一，正面浅浮雕牡丹与凤凰寓意富贵，侧面深浮雕“双狮戏球”生动活泼。

门枕石外观造型较为丰富，大致可以分为三类。

方形门枕石，为一块整石，方正平整、没有分层，显得敦厚朴实，有些在整石下面再垫一块石板，板厚四寸左右（图 5-1）。纹式相对简单，有些不作雕刻，有些浅浮雕简单花草，稍复杂些的则雕刻常见的狮子模样。禅城区杨氏大宗祠和顺德杏坛镇苏氏大宗祠的门枕石雕刻精美，且为整石修葺而成底部没有再垫石板。两处门枕石材质大致相同，均采用颗粒不细的咸水石，但雕刻手法都简洁干练，动物造型也比清中期以后的狮子等动物显得威武，转角处竹节纹粗犷有力。方形门枕石大多年代较早，造型古朴厚重，而且石质不够细腻、颇显沧桑感。

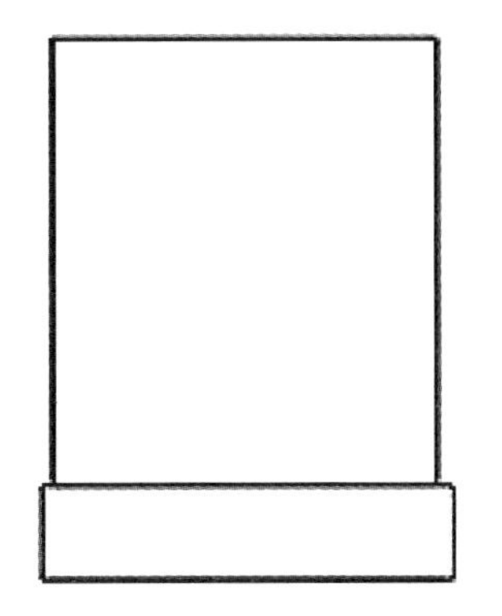

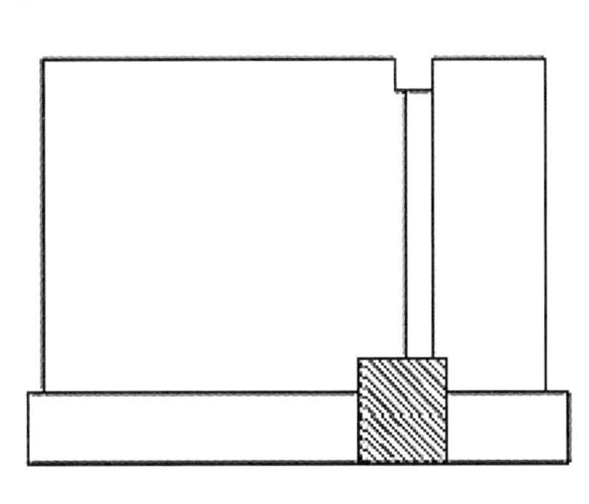

图 5-1 方形门枕石正立面与侧立面图
图片来源：见参考文献[38]

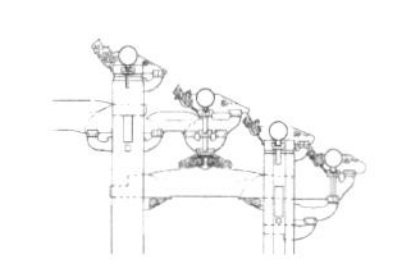

几案形门枕石（图 5-2）。门枕石由两块石料组成而分为上下两部分：下为基座部分，上为主体部分。基座部分略宽于主体部分，朝外处作些花草形雕刻。主体部分桌案又分上下两层，上部几案层主要雕刻狮子、大象、龙等吉祥图案，下部桌层则受篇幅影响，有时不作雕刻，如果雕刻也只是中间为简单花草或壶门[①]，或在壶门中简单勾勒、转角偶作竹节纹状处理。这类门枕石多采用红砂岩及咸水石，外观古朴厚重，年代通常较为悠久，清早期以前始建祠堂常使用。但由于门枕石本身质地的耐用性，故如果是祠堂维修一般都保留原有门枕石，而显得祠堂更具历史性。这类门枕石分布较广，如顺德杏坛镇黄氏大宗祠等。

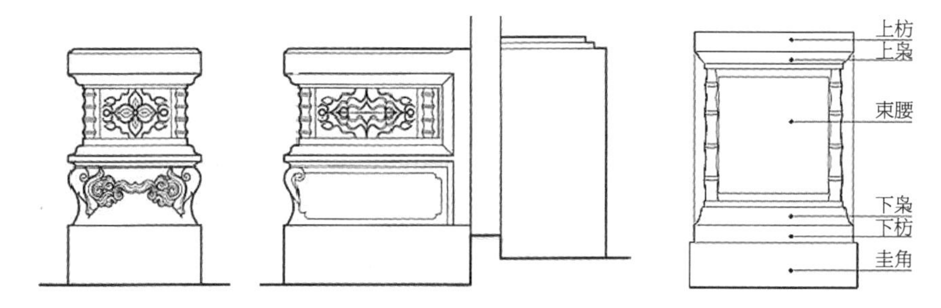

图 5-2　几案形门枕石正立面、侧立面、各部分名称
图片来源：见参考文献[38]

须弥座形门枕石。中国古建筑采用须弥座表示建筑的级别，广府传统建筑也将须弥座运用到台基等地方。清中晚期，门枕石也模仿台基形式，开始程式化地以须弥座形式出现。上下枋[②]、上下枭[③]线和束腰[④]等部分一应俱全。这类程式化造型门枕石出现的时间也较前面所述两种较晚一些，一般清中期以后开始流行并逐渐盛行。束腰部分因其位置显要，加之石质的相对恒久性，成为装饰的最好位置。转角处常雕刻成竹节纹，朝外部分通常做纹饰，有做动物纹饰和花草纹饰的，也有不做纹饰的。纹饰中最常见的是椒图，造型憨态可掬，增添了祠堂的活泼气氛。束腰朝门的一侧则通常雕刻龙、凤、麒麟等吉祥物。狮子除了在门枕石正立面以看守大门外，还较多地以圆雕形式出现在门枕石上方或独立在建筑物的前方[⑤]。门枕石上方石狮一般为左雄右雌，雄狮脚踩石球、威风凛凛，象征族权的神圣不可侵犯；雌狮蹄抚幼狮，因“狮”与“嗣”谐音，又象征子嗣昌盛、家族繁盛。

---

① 中国古建筑细部名称。指殿堂阶基、佛床、佛帐等须弥座束腰部分各柱之间形似葫芦形曲线边框的部分。

② 须弥座各层横层的最上部分，叫上枋。须弥座的圭角之上、下枭之下的部分，叫下枋。

③ 须弥座的束腰之上、上枋之下的部分，雕作凸面嵌线（枭），又处于上部，故名上枭。须弥座的下枋之上、束腰之下的部分，多做成凸面嵌线，枭又处于下部，故名下枭。

④ 须弥座的上枭与下枭之间的收缩部分，以及宋代重台钩阑大、小华板之间的收缩部分，均叫束腰。早期束腰较高，用束腰柱子分割成若干段，可雕花纹。明清时束腰变矮，莲瓣增厚。

⑤ 古代常用石狮、石刻狮纹，以镇门、镇墓和护佛，用作辟邪。

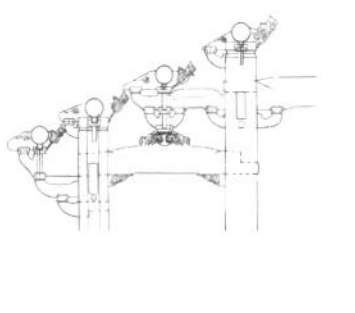

5.2 窗

广东天气炎热，建筑内部的窗又多开向庭院，一般面积都较大，便于采光通风。它的类型很多，有漏窗、槛窗、支摘窗、满洲窗等。

漏窗多用于庭院内或建筑外墙上，既隔又通。漏窗的通花材料有砖砌、陶制、琉璃等。漏窗窗花丰富，一般比较有规律，多数是图案几何纹。

槛窗常用在厅堂次间和柱间，其形式与格扇类似，但没有格扇灵活。槛窗下为槛墙，也有用槛板代替墙体者。有的槛板用素板，也有的用精刻的或图案的木雕板。槛窗的题材与格芯相同，有花卉、文字或几何图案等。

5.3 雀替和梁头

雀替是清式名称，是用于梁或阑额与柱的交接处承托梁枋的木构件，功用是增加梁头抗剪能力或减少梁枋的跨距。在宋《营造法式》中叫绰幕，雀是绰幕的绰字，至清代讹转为雀；替则是替木的意思，雀替很可能是由替木演变而来。佛山祠庙建筑中在纵架石阑额下的雀替也是石材料的，一般为花岗岩材料。

早期木梁穿过檐柱而露出的梁头部分，常雕成龙头状。清中期开始使用石梁头，到清晚期成为时尚，在外观上与次间虾弓梁、檐柱、石雕金花狮子等形成材质与风格上的统一。因为材质之转变，石梁头与木大梁已是两个不同的部分，石梁头更多是起一种装饰的作用。[38]

5.4 围栏、垂带石

厅堂、楼阁、廊檐、廊桥都设置围栏。室内用于阁楼夹层、楼井；室外用于廊前亭榭、小桥、水池边。围栏式样丰富，有栏板、栏杆，有纹饰、直棂、万字、金钱等，还有做成美人靠的。在材料方而，室内都用木做，室外有石砌、砖砌、琉璃砖砌的。石围栏一般用于拜亭和庭园中。栏板上有浅雕石刻，题材一般为花木鸟兽。近代还有铁枝的，花纹图案各不相同，很丰富，其式样有传统式，也有外来形式。

在踏跺两侧斜置的自台基铺砌至地面的石板，随着阶梯的斜度倾斜而下的石面，叫垂带石。宽一般为阶条石宽，斜高同阶条石厚。

5.5 罩、横披

罩的功能主要也是分割家内空间，也有单纯作装饰用的，似分似合，相互渗透，以达到扩大有限空间的效果。其用浮雕或通雕手法，以硬木雕

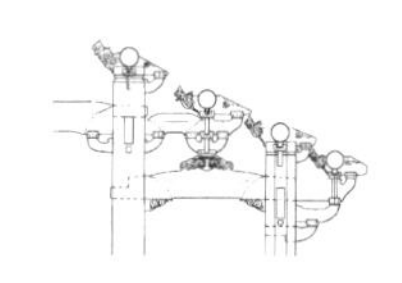

成几何图案或缠交的动植物、人物、故事等题材，然后打磨精雕加工而成。也有的罩用硬木分成几件拼装而成。罩的形式很多、有圆罩（也称圆光罩）、落地罩、飞罩等。

横披是设置在槛窗、格扇上部或柱子之间上部的横向屏壁，常用棂子拼成各种图案花纹，一般用于较高大的厅堂建筑，形式多样。在广东，因气候关系，常不安玻璃，既利于通风又美观大方。

5.6 檐板

檐板装饰题材常用花卉、鸟兽、人物、纹案等。工艺多用阴雕①，也用浅浮雕。佛山祖庙灵应祠三门檐板长 31.3 米，清光绪二十五年（1899）承龙街泰隆造。全条雕刻均为人物故事，共分 14 段，自东向西依次为：夜战马超、八仙祝寿、将相和、竹林相贤、梁山伯会英台、薛仁贵征西、六国封相、薛刚反唐、三顾茅庐、罗通扫北、卞庄打虎、狄青斩王天化、渔歌唱晚等。三门后檐也有檐板，本地汾阳大街聚利造，制作年代不详，规模不及前檐檐板。但雕刻颇精，是多层高浮雕，内容是郭子仪祝寿。其余大殿、庆真楼、万福台等建筑物均有木雕檐板，但其规模及雕工的精细都不及三门。

① 阴雕也称暗雕、凹雕、沉雕、薄雕等。系指凹下去雕刻的一种手法，正好与浮雕相反。是减地平钑做法的一种，属于凹层次的一种木雕做法。这种雕刻技法常常要在经过上色髹漆后的器物上施工，这样所刻出来的器物能产生一种漆色与木色反差较大、近似中国画的艺术效果，富有意味。其雕刻内容大多为梅、兰、竹、菊之类的花卉，也有诗词、吉祥语之类的文字。

6 佛山祠庙建筑装饰

≫ 木雕
≫ 石雕
≫ 砖雕
≫ 陶塑
≫ 灰塑

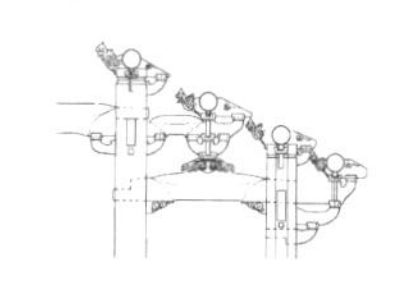

佛山祠庙建筑为了做到遮阳、通风、散热的要求，普遍采用花檐、挂落、洞罩、隔扇等做法，以玲珑细致的通雕、拉花、钉凸、斗心等工艺，使室内空间封而不闭、隔而不断，有的还可装可卸、能收能放，使室内空间能适应朝夕季节之需要，依陈设使用之情况加以调整。有时还能利用其精美的罩形框景，获得良好的空间层次。

佛山祠庙建筑装饰按材质分，可总结为“三雕两塑一画”，即木雕、石雕、砖雕、陶塑、灰塑和壁画。这是佛山祠庙建筑乃至岭南传统建筑中最有特色的几种建筑装饰。

6.1 木雕

广东金漆木雕和浙江东阳木雕、温州黄杨木雕、福建龙眼木雕，合称“四大名雕”。广东金漆木雕又分为广派、潮派两派。广派木雕自明代开始逐渐形成定式，明清以后向建筑装饰和家具陈设上发展。

广派木雕，以广州、南海、番禺、三水等地方为代表。清光绪年间（1875 ~ 1908），广州、佛山、三水三地的木雕有“三友堂”作坊，颇有名气。所谓三友者乃许、赵、何三位木雕师傅合伙经营木雕业，故称“三友堂”。后三人分业各在一地继续重操木雕制作，广州以“许三友”，佛山以“何三友”，三水以“哲三友”，或“广州三友”、“佛山三友”、“西南三友”称谓，他们都是清末广派木雕杰出代表之一。

佛山木雕有悠久的历史，明清两代为繁盛时期。据《佛山忠义乡志》记载，清末民初时，木雕业有“雕花行”、“牌匾行”、“书板行”（刻制木版印刷雕版）、“刻字行”等，分工逐渐细化，著名的木雕店号有广华、成利、聚利、恒吉、三友堂、泰隆、合成等。传世作品多藏于今祖庙博物馆内，如贴金木雕大神案（1899 年，佛山镇承龙街黄广化造）、贴金木雕黑漆大神案（1899 年，承龙街成利店造）、木雕大屏风（清末）、金木彩门、万福台等。佛山木雕以实用装饰木雕为多，如檐板、木雕门面、横梁、窗门、神龛、牌匾等的雕刻装饰。佛山木雕以其刀法利落，线条简练，玲珑剔透，豪放流畅，以及构图大方饱满，结构疏密有致，装饰性强而著称，常雕刻古戏群像，善于用从容的布局来表现复杂的场面。木雕技法，亦为佛山祠庙建筑吸收和发展，很多陶脊和装饰的古戏群像，都表现出这种特色，如佛山祖庙、黄氏大宗祠等的建筑装饰，都是代表作。

木雕几乎涉及所有的建筑构件，最常见的是梁架，梁、驼峰（柁墩）、斗栱、托脚、雀替、梁头等。屏门、檐板、匾额、对联、神龛等也是木雕丰富的地方。

明清时期，木雕工艺又有了进一步的发展，其特点有：①木雕装饰在各类建筑中得到更广泛采用；②题材内容大众化，常选用普通百姓所熟悉的内容作为题材；③图案花纹趋向于浓厚的自然生活气息；④工艺技法趋向立体化，出现了透雕、镂雕、玲珑雕①等多层次的雕刻手法；⑤艺术风格从明代木雕的构图简洁，形象丰满生动，发展到清代木雕的构图定型化，形象富丽且繁琐。清代的木雕工艺倾向于表面装饰化，它要求形象更为繁复，又要求工艺操作简化，因而，产生了贴雕②和嵌雕③等新类别。前者工艺较简单，在建筑中应用较普遍；后者耗时费工，多为富裕住家选用。

木雕材料大多用楠、椴、樟、黄杨等木，多层次、高浮雕装饰多选用硬质材料，雕饰后用水磨④、染色、烫蜡⑤处理。也有用杉木的，多以镂空、线刻⑥、薄雕形式出现。

木雕的种类很多，主要有素平（阴刻，线雕，线刻）、减地平钑（阴雕，暗雕，凹雕，沉雕，薄雕，平雕，平浮雕）、压地隐起（浅浮雕，低浮雕，突雕，铲花）、高浮雕、通雕、镂雕、混雕、嵌雕、贴雕等。

①素平（阴刻，线雕，线刻）：在平滑的表面上阴刻图案形象纹样。

②减地平钑（阴雕，暗雕，凹雕，沉雕，薄雕，平雕，平浮雕）："减地"就是将表现主体图案以外的底面凿低铲平并留白，主体部分再用线刻勾勒细节，形成一种图底对比较强的剪影式平雕。基本特征是凸起的雕刻面和凹入的底都是平的，所以也有人把它叫做"平雕"或"平浮雕"。正好与浮雕相反，浮雕是用阳刻法把形象浮出于平面之上，阴雕正好相反，以凹入雕出形象。其雕刻内容大多为梅、兰、竹、菊之类的花卉，也有诗词、吉祥语之类的文字。

③压地隐起（浅浮雕，低浮雕，突雕，铲花）：压地隐起是一种浅浮雕。其特点是图案主体与底子之间的凸凹起伏不大，各部位的高点都在装饰面的轮廓线上；有边框的雕饰面，高点不超过边框的高度。装饰面可以是平面，也可以是各种形状的弧面。这种雕法层次比较明显，一般多用于屏门、屏风、栏板、栅栏门和家具等构件。

④剔地起突（剔地，高浮雕，透雕，深浮雕，半圆雕，通雕，拉花）：

① 瓷器装饰技法。在生坯上雕刻出细小空洞，组成图案，再以釉料填满。挂釉烧成后，镂花处透光度高，但又不洞不漏，有玲珑剔透之感，故名。

② 将要雕刻的花纹用薄板镂空，粘贴在另外的木板上进行雕刻。

③ 在已雕好的浮雕作品上镶嵌更突出的部分。

④ 加水磨光。

⑤ 在木雕、地板、家具等表面撒上蜡屑，烤化后弄平，可以增加光泽。

⑥ 线刻也称线雕，是木雕中最早出现也是最简单的一种做法，是一种线描凹刻的平面型层次木雕做法。

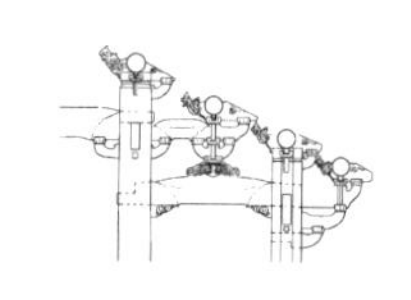

建筑雕刻中最复杂的一种。它的形制特点是装饰主题从建筑构件表面突起较高，立体感表现强烈，“地”层层凹下，层次较多，雕刻的最高点不在同一平面上，雕刻的各种部位可以互相重叠交错，层次丰富。这种雕法一般在格扇、屏罩、挂落和家具上多用之。

通雕中更高一级称为“镂雕”，即全构件通透的一种雕刻方法。这种雕刻工艺复杂，但效果很好，只有在等级高的装修中才使用。

还有一种比较简易的通雕方法，称为“斗心”。这是一种用许多小木条（断面为正六边形的一半），按纹案拼凑而成的雕刻方法。外观是通雕，其实是预制木条拼装而成。题材常为斗纹①、回形纹②、正斜万字纹③等几何形体组合，镶工精美、玲珑剔透。一般多用在格扇、槛窗中。

⑤混合木雕：木雕中各种雕法的综合运用。一般用于室内隔断、落地罩、飞罩等处。

⑥贴雕和嵌雕（钉凸）：贴雕的做法是在浮雕的基础上，将个体花样单独做出，再胶贴在浮雕花样的板面上，形成全貌。嵌雕的做法是在浮雕的花面上，另用富有突面的雕饰或其他式样的木材进行嵌雕，方式可以插镶，也可以贴镶。嵌雕可以说是在透雕和浮雕结合的基础上，向多层次发展的一种雕刻技法。嵌雕（钉凸）的做法是，在构件通雕起几层立体花样，再在透雕构件上钉上或镶嵌已做好的小构件，逐层钉嵌，逐层凸出，然后再细雕打磨而成。这种做法工艺复杂，一般多用在罩、屏风、屏门等部件上，也有用于较高贵的格扇上。

佛山祖庙保存的木雕艺术品形式多样，内容丰富，各建筑物中，几乎都饰有木雕，尤以万福台舞台的隔板最为辉煌。万福台木雕共六组，均装置于分隔前后台的隔板上，三组在上，三组在下，内容分别为八仙故事、三星拱照、降龙、伏虎、大宴铜雀台。全部木雕均漆金，雕工豪放、刻画传神。

6.2 石雕

石雕常用于柱、柱础、阑额、门枕石、围栏、垂带石、塾台等地方，还有用于牌坊、凹斗式大门等。石材质坚耐磨，经久耐用，并且防水、防潮，外观挺拔。

① 一种交叉图案。

② 古代纹饰之一，连续的“回”字形纹样，简称回纹。

③ 民间传统图案的一种。由“卍”字形或单独，或组成连续图案。“卍（万）”字来自梵文，最早出现在如来佛的胸部。因其有着“源远流长”、“缠绵不断”等象征吉祥幸福的含义，在民间使用极为广泛。

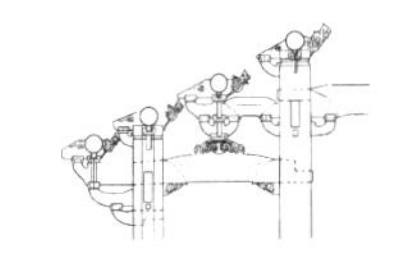

石雕传统的类别和做法，有线刻、阴刻[1]、减地平钑、浮雕（突雕）、圆雕（混雕、众雕）、通雕（透雕）等。

①线刻（素平），主要用于台基、柱础等部位，题材以花纹为主。

②阴刻（阴雕），是平面线刻向深度发展的第一步。

③减地平钑，是阴雕的进一步发展。为了突出雕刻图案，将所表现的图案以外部分薄薄地打剥一层，然后在图案部分施以线刻。这是最早期的浮雕。

④浮雕（突雕）是逐步走向立体化的一种雕刻手法，可使雕面上的花卉、纹案等题材刻出其深度，如平的、凹的、翻卷的等，使这些题材富有立体感和表现力。阴刻和浮雕两者的结合，集中了两者雕饰的做法和特点，产生了一种富有立体效果的雕饰新方法。阴刻和浮雕在民居建筑中常用于柱础、台基、围栏等部位。

⑤圆雕，也称混雕，在明代称“全形雕”。其做法是在凿出全形后，细部用混作剔凿（皆为圆面），表现自然。至清代，雕法已简化，用钎打出全形后，其细部随其初形雕刻出来，圆雕主要用于动物、人物、佛像等，其建筑构件中较少采用。通常大门前的石狮采用此法，因其石材加工精确度不高，一般取其粗犷豪放的特性，故在大尺度的雕像中才采用之。

⑥通雕，也称透雕，是浮雕的再进一步加工，达到多层次表现。因工程复杂，故在建筑中较少采用。

6.3 砖雕

砖雕是模仿石雕而出现的一种雕饰类别，是在砖上加工，刻出各种人物、花卉、鸟兽等图案的装饰类别。由于砖雕比石雕省工、经济、刻工细腻，故被广泛采用。

砖雕所用材料与建筑的墙体材料一样都是青砖，在质感、色调、施工技术等方面取得高度统一。打磨过的青砖有较好的抗蚀性和耐久性。还有一种预制花砖，通常也只用干园林中的漏窗通花、牌坊翻花等精致程度要求不太高的部位，很少用于重点装饰部位。通花漏窗一般以有规律的图案或纹样为主，也有通花漏窗雕成连续重复的花纹图案或人物故事。

砖雕的种类除剔地、阴刻外，还有浮雕、多层雕、透雕、圆雕等。

砖雕在民居建筑中，多用在大门、墀头、墙面、照壁等处。砖雕应用最多的一般在墀头部位，大者高约 2 米，小者也有 30 厘米左右。墀头装

① 常用于碑文的雕刻手法。浮雕是用阳刻法把形象浮出于平面之上，阴刻正好相反，以凹入雕出形象。

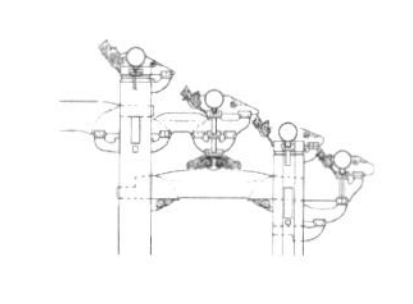

饰以透雕、圆雕等增加立体效果。

祖庙砖雕两套，设置于钟楼和鼓楼北侧，为光绪二十五年（1899）郭连川、郭道生合作的雕刻作品，高 1.8 米，宽 2.6 米。鼓楼一侧的砖雕内容是大红袍，钟楼一侧的是守房州。

6.4 陶塑

陶塑是岭南传统建筑独有的建筑装饰。建筑陶塑包括陶脊饰[①]、陶塑壁画、琉璃制品、瓦[②]、栏杆、漏窗花墙、华表等。最能代表佛山祠庙建筑装饰艺术高度的要数陶脊了。陶脊和陶塑壁画多用于大型公共建筑中，大多采用圆雕和通雕做法。其他类型构件多为几何图案纹样拼装而成。

陶脊又称“花脊”或“瓦脊”，是装饰在屋脊上的各种人物、鸟兽、花卉、亭台楼阁陶塑的总称，是岭南独创的传统建筑装饰。陶脊所施釉色以深沉稳重的蓝色、绿色、褐黄色居多。道光晚期以后，陶脊人物形象多选自粤剧传统剧目。

佛山祖庙灵应祠的三门瓦脊，由“文如璧”店在清光绪乙亥年（1875 年）制作，高 1 .6 米，长 31.6 米，正反两面各有人物 150 多个，可谓花脊之王，是石湾陶脊的代表作。除佛山祖庙外，三水胥江祖庙亦保留有石湾陶脊作品。陶脊上都刻有清代石湾文如璧、均玉、宝玉等店号。

陶塑壁画多用以作为照壁，以高浮雕式画面出现，大的照壁由数块陶塑件组拼而成，题材多样，尤其以花鸟及龙凤、双龙戏珠等图案为多。佛山祖庙前殿西侧忠义流芳祠内的大型镂空云龙照壁，长 2.6 米，高 1.72 米，厚 17 厘米。由 15 块陶塑构件，合并成一大型双面镂空半浮雕云龙照壁。形象逼真、立体感强，手法简练含蓄，是不可多得的清代建筑装饰艺术品[③]。

6.5 灰塑

灰塑是以白灰或贝灰为材料做成灰膏，加上色彩，然后在建筑物上描绘或塑造成型的一种装饰类别。在佛山地区，灰塑以石灰为主。

灰塑包括画和批两大类。画即彩描，即在墙面上绘制壁画。批即灰批，即用灰塑塑造各种装饰。

彩描（画）：彩描是灰塑的一种平面表现形式，着重于用色彩“描”和

---

① 陶脊、宝珠、脊兽等。

② 瓦筒、瓦当、滴水等。

③ 周彝馨，吕唐军 . 石湾窑文化研究 . 广州：中山大学出版社，2014

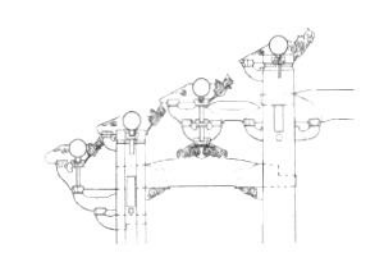

“画”，称之为“墙身画”。彩描的技法有意笔、工笔、水彩、双勾、单线等画法。

彩描的抗蚀性较差，露天部位一般较少用，多用于檐下、墙楣、门窗框、室内墙面等。外檐下彩描是彩描运用最多的部位，由于画幅较长，通常是将墙檐部分分为若干个画幅，每一画幅自成一独立的画面，题材多为历史、神话、山水，也有花鸟。墙楣彩描呈带条状，高度约 30 至 60 厘米。门窗框边上彩描题材为抽象的规律性花纹。

灰批：灰批是指有阴阳立体感的灰塑做法，分为圆雕式和浮雕式两种。

圆雕式灰批，又称立雕式灰批。分为多层立体式灰批和单体独立式灰批两类。圆雕式灰批主要用在屋脊上，有直接批上去的，也有做好后粘上去的。圆雕式灰批的题材因它使用在屋脊部位，多与厌胜和阴阳五行学说有关，如垂鱼、鸡尾、龙、水兽等。

浮雕式灰批。浮雕式灰批用途很广，门楣、窗框、屋脊、山墙墙头等部位都能使用，处理手法多种多样。浮雕式灰批的题材有草尾、花鸟、人物、山水等。

7 附图

佛山祠庙建筑地图
代表性祠庙
祠庙与环境
门堂
中堂、后堂
廊庑
庭院
辅助元素
材料
梁架结构
屋顶
山墙
柱
梁
结构交接
檐部结构
门
窗
雀替
围栏、垂带石
罩、横披
檐板
木雕
石雕
砖雕
陶塑
灰塑
壁画
书法

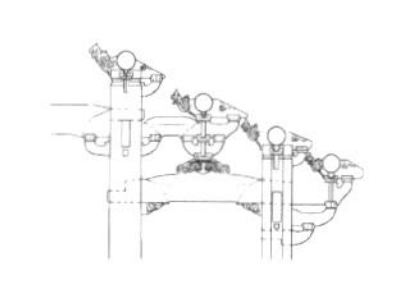

7.1 佛山祠庙建筑地图

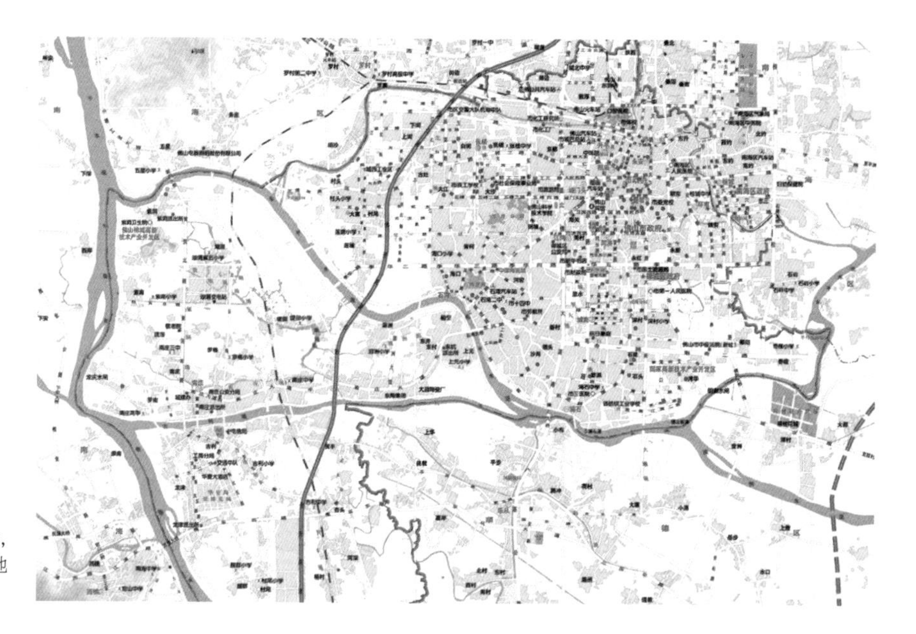

禅城区祠庙建筑地图
图片来源：周彝馨绘，底图来自《佛山市地图》

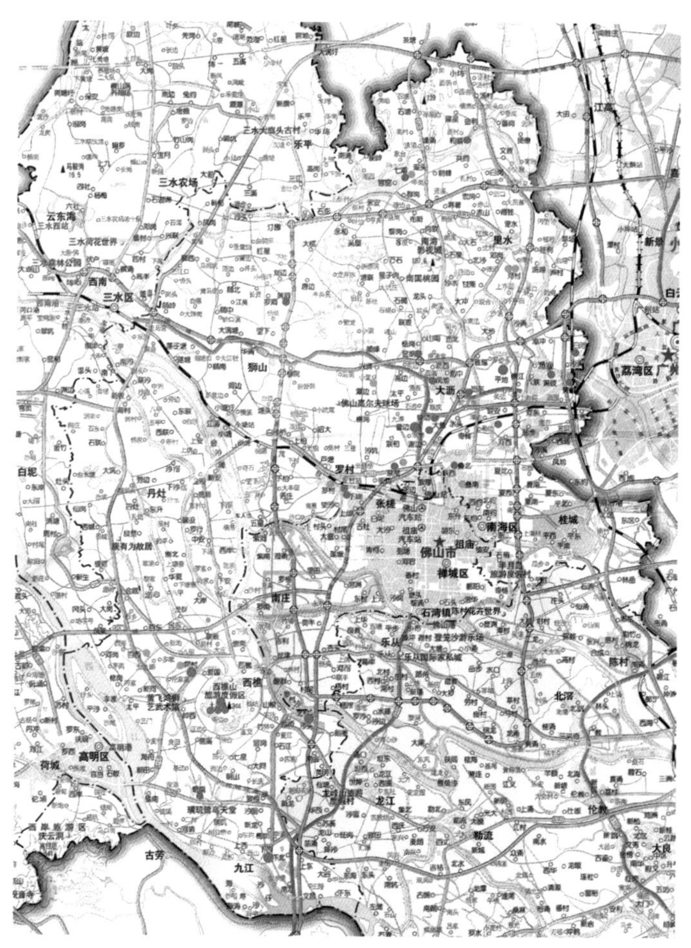

南海区祠庙建筑地图
图片来源：周彝馨绘，底图来自《佛山市地图》

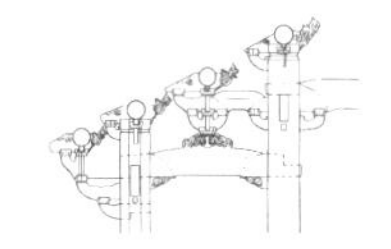

顺德区祠庙建筑地图
图片来源：周彝馨绘，底图来自《佛山市地图》

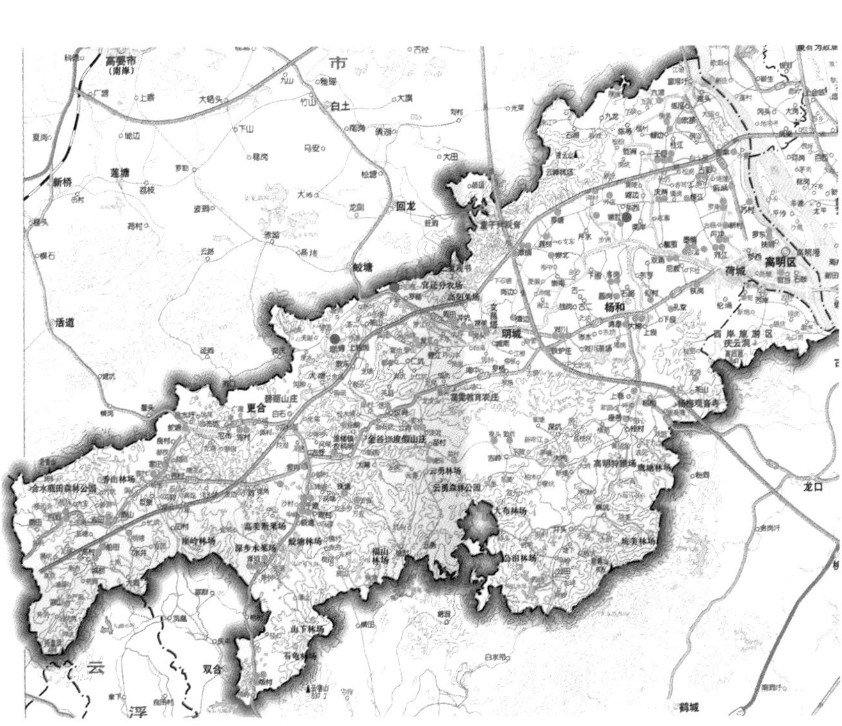

高明区祠庙建筑地图
图片来源：周彝馨绘，底图来自《佛山市地图》

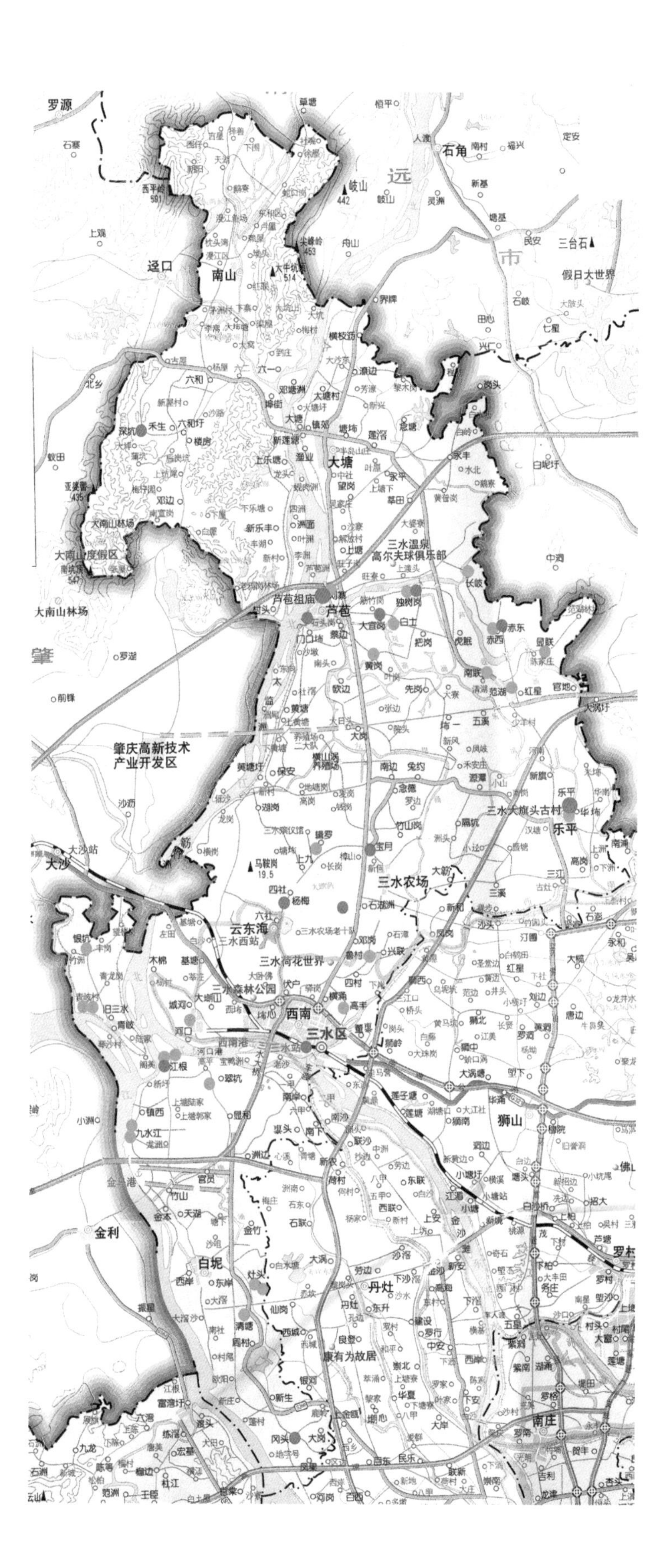

三水区祠庙建筑地图
图片来源：周彝馨绘，底图来自《佛山市地图》

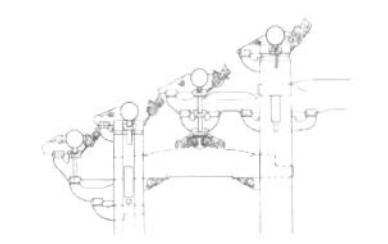

7.2　代表性祠庙

佛山祖庙灵应祠（明洪武五年·1372）

三水芦苞胥江祖庙（芦苞祖庙，真武庙）（清嘉庆十三年至光绪十四年·1808—1888）

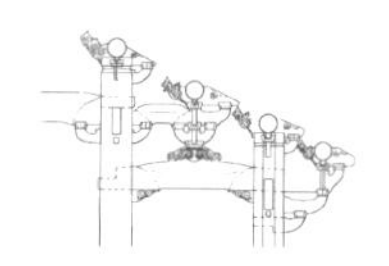

顺德大良西山庙（关帝庙）（明嘉靖二十年·1541）

禅城石头霍氏家庙祠堂群（明嘉靖四年·1525）

禅城兆祥黄公祠（民国9年·1920）

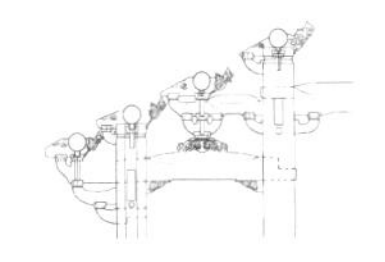

南海大沥平地黄氏大宗祠（明）

南海狮山官窑七甫陈氏宗祠（明弘治十二年·1499）

南海大沥大镇“朝议世家”邝公祠（明隆庆与万历年间·1568—1580）

顺德杏坛逢简刘氏大宗祠（明永乐十三年·1415）

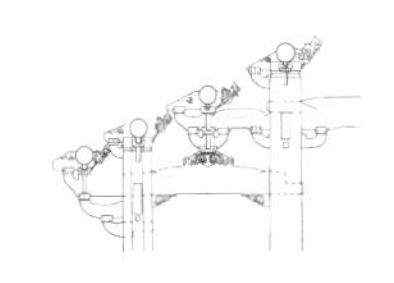

顺德杏坛右滩黄氏大宗祠（明末·1572—1644）

顺德乐从沙滘陈氏大宗祠（陈家祠）（清光绪二十六年·1900）

顺德乐从路州黎氏大宗祠（明朝崇祯庚辰·1630）

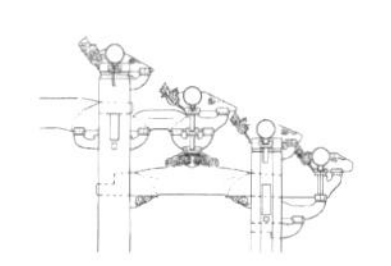

顺德北滘龙涌陈氏家庙（清雍正七年·1729）

顺德北滘广教杨氏大宗祠

顺德龙江坦西张氏九世祠（清光绪年间·1875—1908）

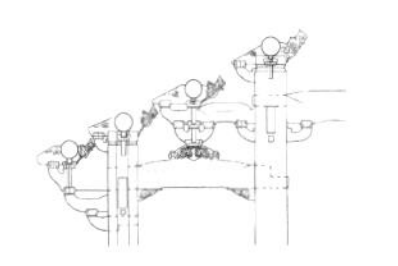

顺德北滘桃村曹氏大宗祠

三水乐平赤东邝氏大宗祠（清光绪二十年·1894）

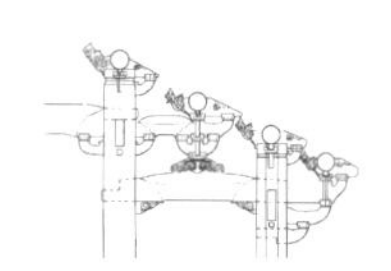

三水西南杨梅西村陈氏大宗祠（清光绪三十四年·1908）

三水芦苞独树岗蔡氏大宗祠（清光绪四年·1878）

高明荷城范洲龙湾林氏宗祠（清同治十年·1872）

7.3 祠庙与环境

三水芦苞胥江祖庙

三水金本昆都五显庙（清道光十九年·1839）

南海西樵山白云洞云泉仙馆（清光绪三十四年·1908）

三水乐平大旗头祠堂建筑群（清光绪年间·1875—1908）

南海松塘祠堂建筑群（清）

顺德陈村仙涌叶氏大宗祠

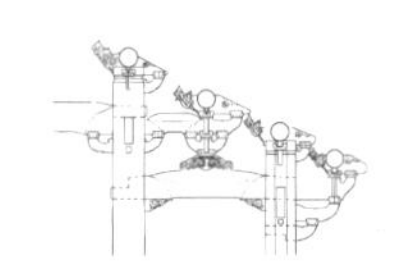

7.4 门堂

南海西樵松塘孔圣庙门堂

顺德大良西山庙平门式门堂

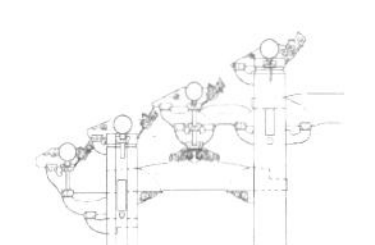

三水芦苞胥江祖庙武当行宫门堂

顺德杏坛上地松涧何公祠门堂（无塾）（明弘治壬戌年·1502 ）

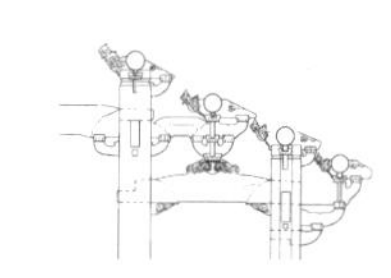

顺德北滘桃村金紫名宗（一门四塾）（清乾隆戊戌年·1778）

禅城石湾沙岗张氏大宗祠（一门两塾）

南海狮山官窑七甫陈氏宗祠牌坊式门堂

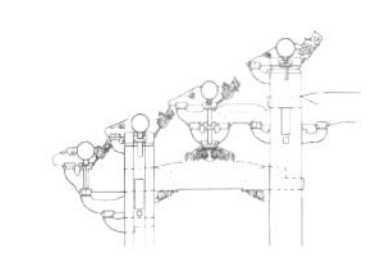

沙头崔氏宗祠牌坊式门堂（乾隆四年·1739）

顺德北滘碧江尊明苏公祠（尊明祠）门堂背部（明嘉靖间·1522-1566）

顺德均安仓门梅庄欧阳公祠门堂背部（清光绪八年·1882）

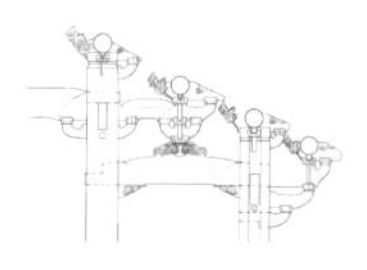

顺德乐从沙边何氏大宗祠门堂分心槽（明晚期·1572—1644）

顺德杏坛昌教黎氏家庙门堂塾台（清同治三年·1864或光绪五年·1879）

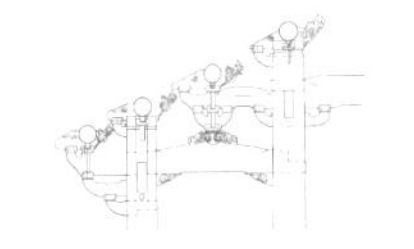

顺德均安仓门梅庄欧阳公祠门堂塾台（清光绪八年·1882）

顺德杏坛光辉天后宫门堂屏门（清同治十二年·1873）

顺德北滘碧江慕堂苏公祠门堂屏门背面（清光绪戊戌年·1898）

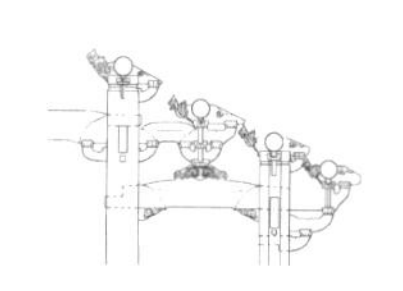

7.5　中堂、后堂

南海大沥盐步平地黄氏大宗祠中堂

顺德乐从沙滘陈氏大宗祠中堂

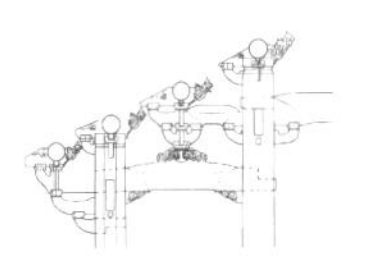

南海里水大冲吕氏家庙中堂背面

顺德均安南浦李氏家庙后堂（清光绪年间·1875—1908）

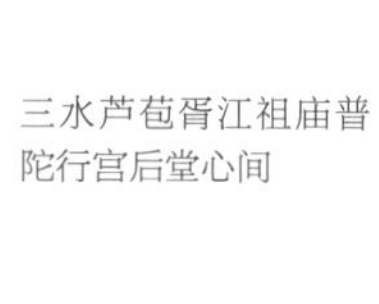

三水芦苞胥江祖庙普陀行宫后堂心间

禅城石湾澜石石头霍氏家庙中堂内部

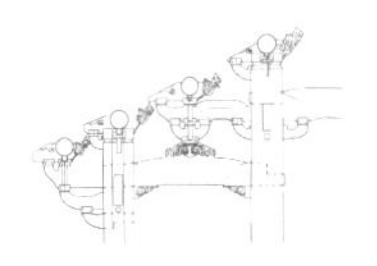

顺德杏坛苏氏大宗祠中堂内部（明万历间·1573−1620）

顺德杏坛上地松涧何公祠中堂内部

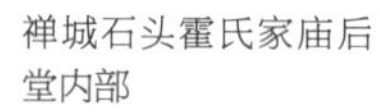

禅城石头霍氏家庙后堂内部

祖庙大殿内部（明洪武五年·1372）

7.6 廊庑

顺德乐从沙滘陈氏大宗祠廊庑

顺德北滘碧江慕堂苏公祠廊庑

顺德北滘碧江慕堂苏公祠后堂前轩廊

顺德杏坛右滩黄氏大宗祠后堂前轩廊

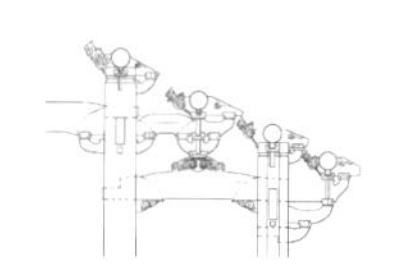

7.7 庭院

顺德杏坛逢简刘氏大宗祠第一进院落

顺德北滘桃村金紫名宗（清乾隆戊戌年·1778）第一进院落

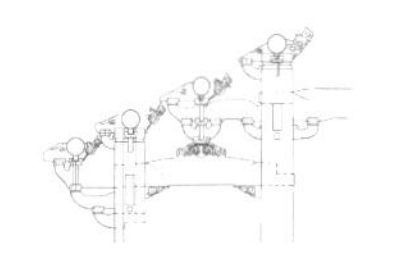

顺德杏坛西登秘书家庙（清光绪十一年·1885）第一进院落

顺德北滘碧江慕堂苏公祠第一进院落

顺德杏坛逢简刘氏大宗祠后进院落

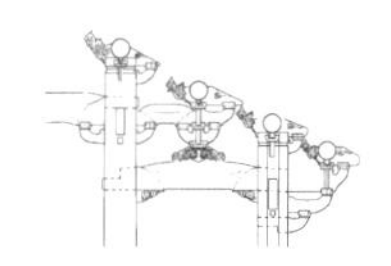

顺德杏坛右滩黄氏大宗祠后进院落

禅城石湾澜石石头霍文敏公家庙后进院落

南海罗村联星江氏宗祠（清光绪三十年·1904年）后进院落

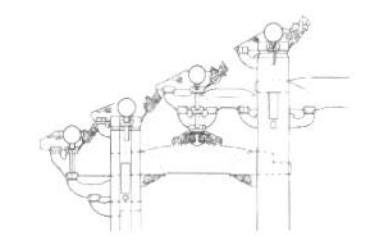

顺德均安仓门梅庄欧阳公祠后院

顺德北滘碧江慕堂苏公祠后院

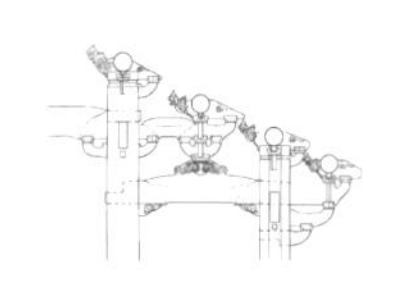

7.8 辅助元素

顺德乐从沙滘陈氏大宗祠衬祠

南海大沥盐步平地黄氏大宗祠衬祠

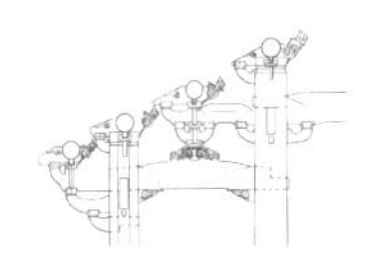

顺德均安南浦李氏家庙衬祠

顺德乐从沙滘陈氏大宗祠青云巷门

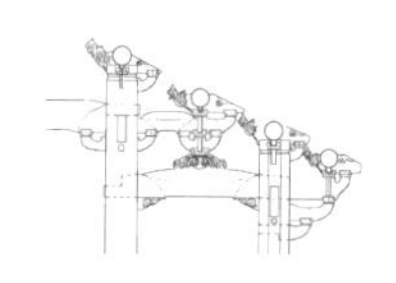

禅城兆祥黄公祠青云巷门

禅城石湾澜石石头霍勉斋公家庙青云巷

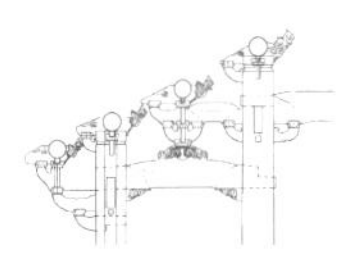

禅城石湾澜石石头霍氏家庙祠堂群青云巷

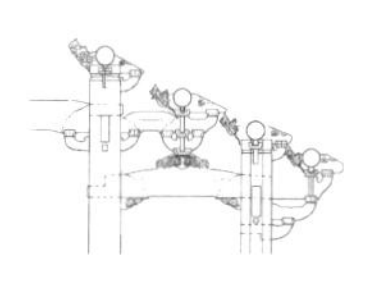

佛山祖庙灵应牌坊（明景泰二年·1451）

佛山祖庙灵应牌坊护脚石

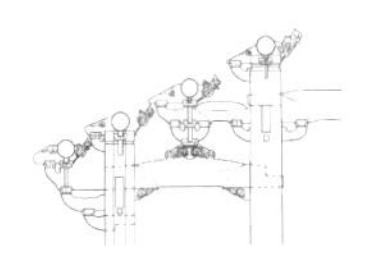

西山庙大门牌坊

南海九江沙头崔氏宗祠牌坊式门堂

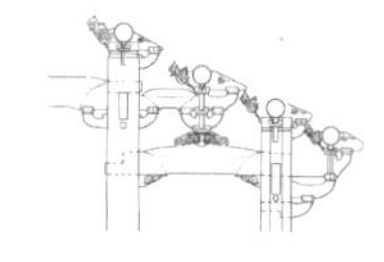

顺德龙江华西察院陈公祠（清同治十一年·1873）牌坊式门堂

禅城石湾澜石霍氏家庙第一进院落“忠孝节烈之家”牌坊

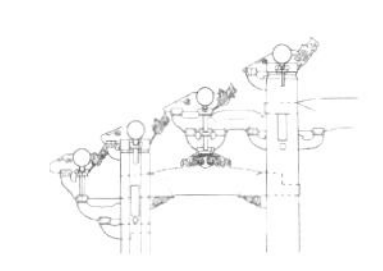

南海九江沙头崔氏宗祠第一进院落“山南世家”牌坊

禅城中山公园秀丽湖牌坊（原参军李公祠牌坊两个牌坊之一）

顺德北滘碧江慕堂苏公祠前照壁

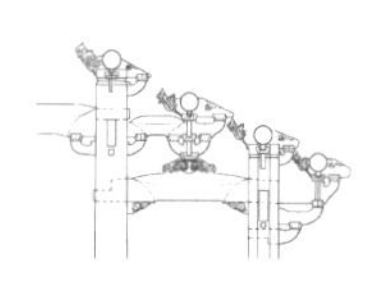

禅城兆祥黄公祠拜亭

三水芦苞关帝庙拜亭

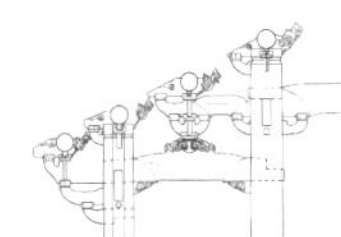

顺德勒流众涌天后宫拜亭

三水金本昆都五显庙拜亭

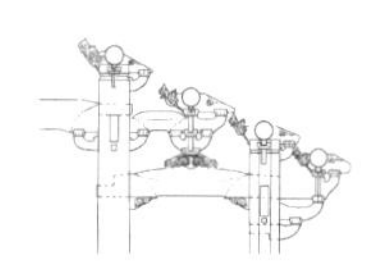

三水西南武庙拜亭

三水金本黄山村古庙拜亭

顺德杏坛逢简刘氏大宗祠中堂前月台

顺德杏坛逢简刘氏大宗祠月台之上

顺德杏坛右滩黄氏大宗祠中堂前月台

三水芦苞长岐卢氏大宗祠前阳埕

三水乐平大旗头祠堂群前阳埕

南海里水松塘区氏宗祠前功名碑

南海九江烟桥何氏六世祖祠（清嘉庆十九年·1814）前功名碑

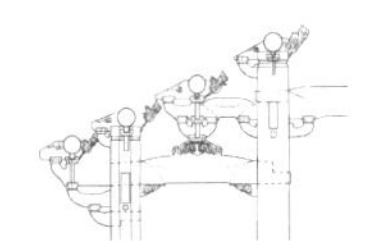

顺德杏坛昌教黎氏大宗祠前功名碑

三水芦苞胥江祖庙武当行宫门堂前石狮

南海狮山华平李氏大宗祠（清嘉庆年间·1796—1820）门堂前石狮

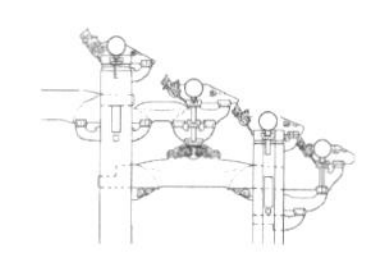

7.9 材料

南海罗村罗南杨氏四世祠木坨墩、斗栱、梁

顺德杏坛逢简刘氏大宗祠咸水石柱身与柱础

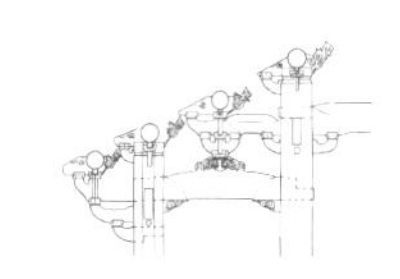

顺德杏坛高赞梁氏大宗祠（清乾隆十三年·1748）红砂岩外墙

南海大沥盐步平地黄氏大宗祠红砂岩栏板

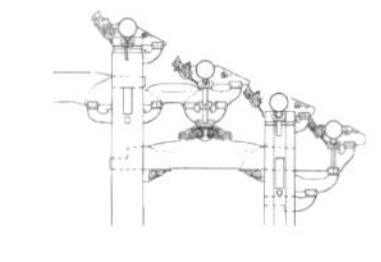

独树岗蔡氏大宗祠花岗岩地面、墊台、柱础、柱身

顺德乐从沙滘陈氏大宗祠青砖外墙

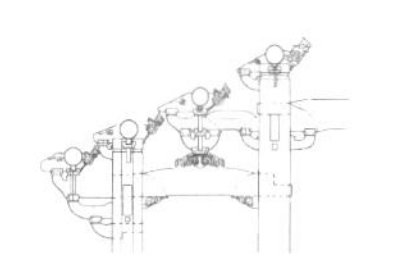

顺德乐从沙滘陈氏大宗祠青砖外墙

顺德区碧江金楼蚝壳墙

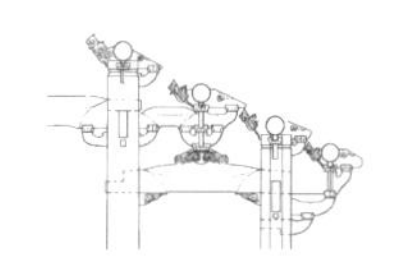

7.10 梁架结构

佛山祖庙大殿大式斗拱梁架

顺德乐从沙滘陈氏大宗祠中堂小式瓜柱梁架

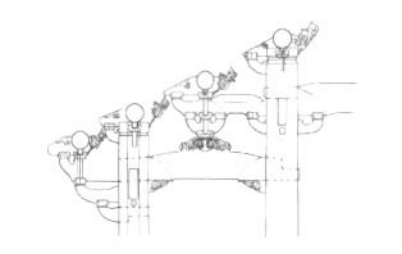

顺德杏坛昌教黎氏家庙中堂小式瓜柱梁架

顺德北滘碧江尊明祠中堂插栱襻间斗栱梁架

顺德杏坛右滩黄氏大宗祠中堂插栱襻间斗栱梁架

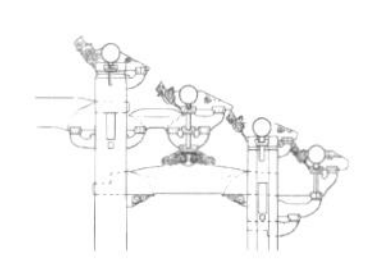

顺德乐从沙边何氏大宗祠插栱欂间斗栱梁架

顺德北滘碧江尊明祠门堂混合式梁架

顺德龙江坦西张氏九世祠中堂混合式梁架

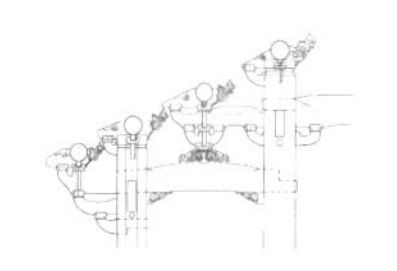

顺德北滘林头郑氏大宗祠（清康熙五十九年·1720）混合式梁架局部

顺德杏坛右滩黄氏大宗祠门堂驼峰斗栱横架

顺德乐从沙边何氏大宗祠门堂驼峰斗栱横架局部

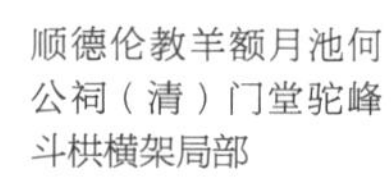

顺德伦教羊额月池何公祠（清）门堂驼峰斗栱横架局部

顺德杏坛右滩黄氏大宗祠中堂驼峰斗栱横架局部

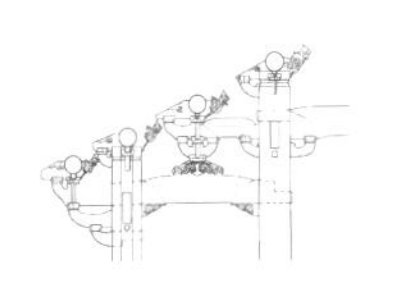

顺德北滘碧江尊明祠中堂驼峰斗栱横架局部

顺德杏坛逢简和之梁公祠（清光绪年间·1875-1908） 中堂瓜柱横架

顺德乐从沙滘陈氏大宗祠中堂瓜柱横架局部

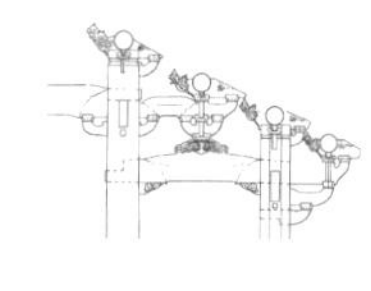

顺德北滘碧江慕堂苏公祠博古横架局部

顺德均安仓门梅庄欧阳公祠博古横架局部

南海大沥大镇“朝议世家”邝公祠门堂前檐木纵架

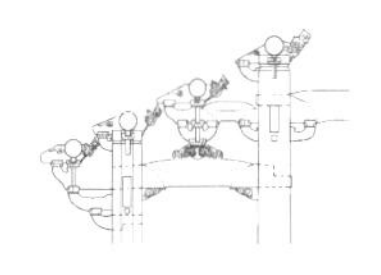

南海九江沙头崔氏宗祠门堂前檐木纵架

三水芦苞胥江祖庙武当行宫正殿前檐木纵架

三水芦苞胥江祖庙普陀行宫正殿前檐木纵架

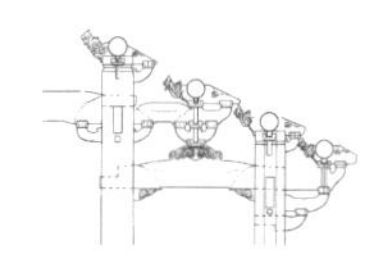

南海大沥盐步平地黄氏大宗祠门堂前檐石纵架

顺德杏坛右滩黄氏大宗祠门堂前檐石纵架

顺德杏坛逢简参政李公祠门堂前檐石纵架

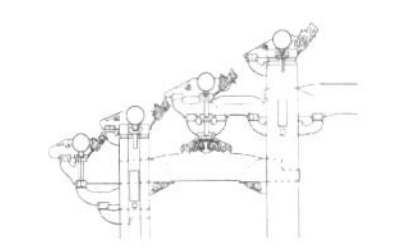

南海里水贤僚达宏郑公祠门堂前檐石纵架

三水芦苞大宜岗李氏生祠（清光绪年间·1875—1908）门堂前檐石纵架

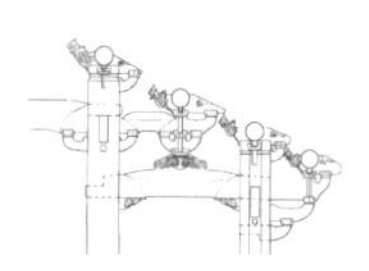

南海西樵简村绮亭陈公祠门堂前檐石纵架

7.11 屋顶

佛山祖庙中殿歇山顶

顺德龙江华西察院陈公祠牌坊式门堂庑殿顶与硬山顶

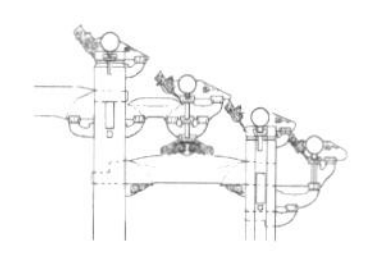

顺德均安鹤峰上村李氏宗祠（清光绪五年·1879）门堂硬山顶

顺德北滘林头郑氏大宗祠轩廊卷棚顶

南海大沥大镇“朝议世家”邝公祠门堂悬山顶

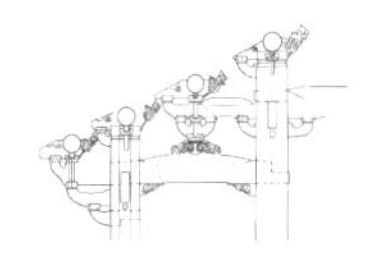

高明荷城龙湾林氏宗祠后堂龙船正脊、垂脊

顺德杏坛马东何氏家庙（明代前期·1368—1434）门堂龙船正脊

南海罗村寨边泮阳李公祠（明末）门堂龙船正脊、垂脊

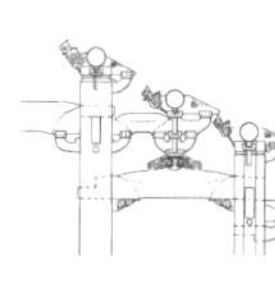

顺德北滘林头梁氏二世祖祠门堂龙船正脊、垂脊

南海大沥盐步平地黄氏大宗祠龙船正脊

顺德杏坛高赞梁氏大宗祠龙船正脊端部与船托

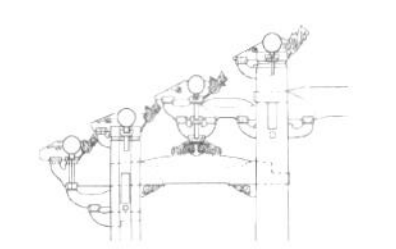

南海区平地黄氏大宗祠龙船正脊端部与船托

顺德均安仓门梅庄欧阳公祠带鳌鱼龙船正脊

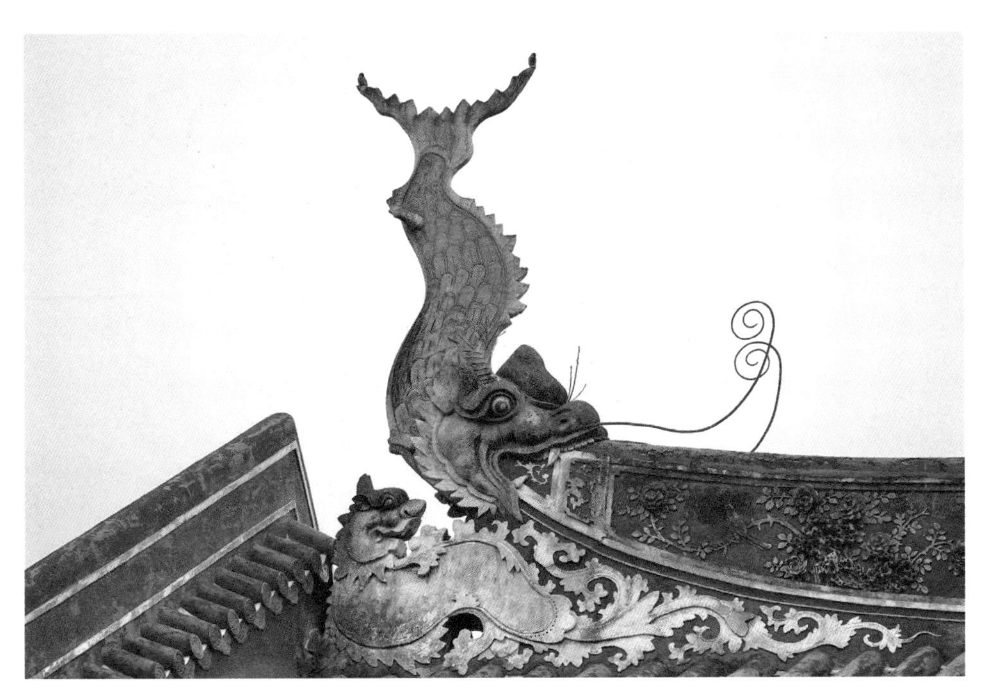

顺德均安仓门梅庄欧阳公祠龙船正脊端部鳌鱼

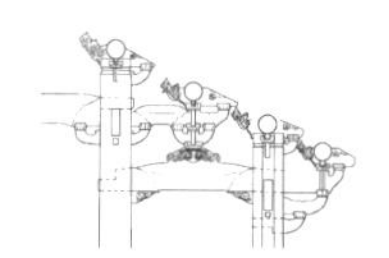

高明荷城范州龙湾林氏宗祠龙船垂脊

禅城张槎大江冯氏世祠龙船垂脊

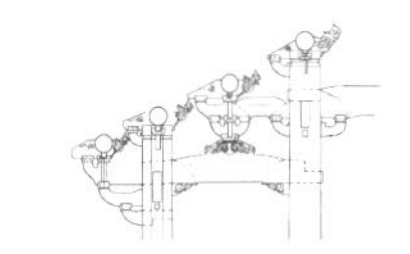

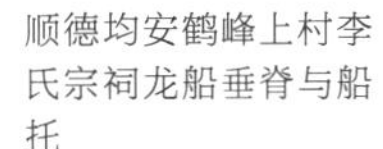

顺德均安鹤峰上村李氏宗祠龙船垂脊与船托

顺德杏坛高赞梁氏大宗祠龙船垂脊与船托

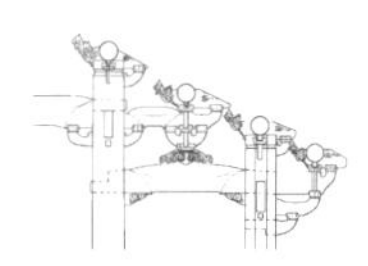

顺德杏坛高赞梁氏大宗祠龙船垂脊端部与船托

顺德乐从路州黎氏大宗祠博古正脊

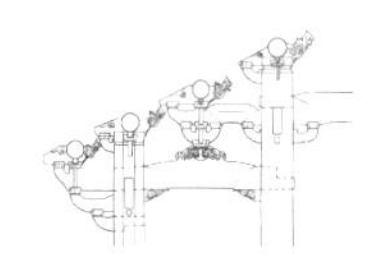

顺德杏坛桑麻南庄苏公祠（民国 22 年·1933）博古正脊（无脊眼）

顺德杏坛昌教黎氏大宗祠博古正脊脊额

南海里水文岗汤氏宗祠博古正脊脊耳

顺德乐从沙滘陈氏大宗祠博古垂脊

南海里水文岗汤氏宗祠博古垂脊

南海九江烟桥何氏六世祖祠博古垂脊

顺德乐从沙滘陈氏大宗祠博古垂脊脊耳

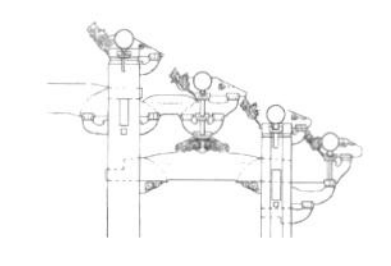

佛山祖庙灵应祠三门（明正德八年·1513）瓦脊（花脊,陶脊）（清光绪己亥·1899）

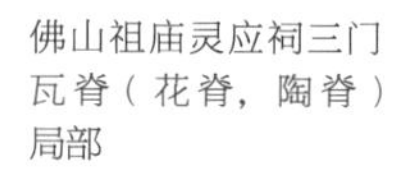
佛山祖庙灵应祠三门瓦脊（花脊，陶脊）局部

三水芦苞胥江祖庙花脊武当行宫前殿花脊（陶脊）（清光绪戊子年·1888）

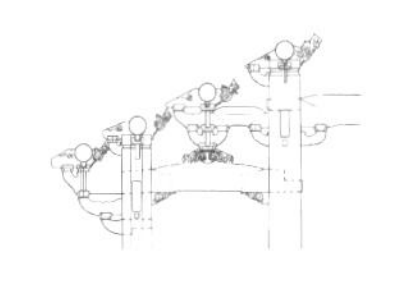

三水芦苞胥江祖庙武当行宫大殿正脊（花脊，陶脊）局部

佛山祖庙灵应祠正殿垂脊（花脊，陶脊）脊饰

佛山祖庙灵应祠前庭看脊（花脊，陶脊）局部

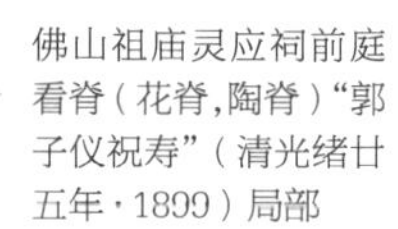

佛山祖庙灵应祠前庭看脊（花脊，陶脊）“郭子仪祝寿”（清光绪廿五年，1899）局部

顺德杏坛逢简刘氏大宗祠檩条、脊檩

顺德容桂真武庙檩条、脊檩

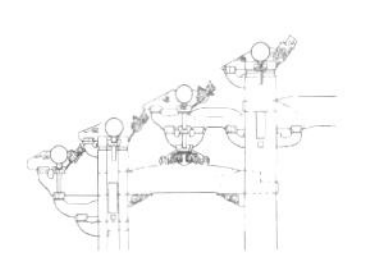

顺德杏坛昌教黎氏家庙檩条、脊檩

顺德乐从小布何氏大宗祠（清光绪二十一年·1895）方形素胎瓦当

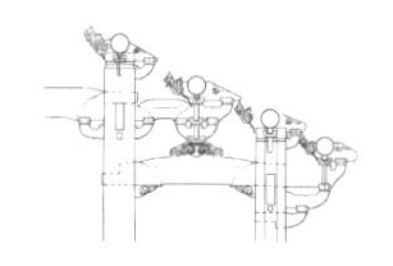

7.12 山墙

三水坑口卢氏宗祠镬耳山墙

顺德杏坛高赞洪圣殿镬耳山墙局部

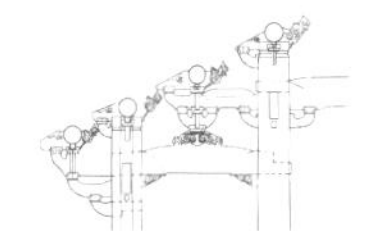

顺德杏坛龙潭孝通殿、
五龙庙方耳山墙

三水芦苞胥江祖庙方
耳山墙局部

禅城南庄三华罗氏大
宗祠水式山墙

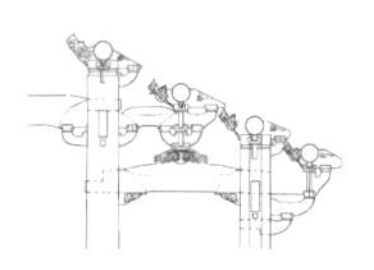

三水芦苞关帝庙水式山墙

三水芦苞关帝庙水式山墙局部

三水西南杨梅西村陈氏大宗祠水式山墙局部

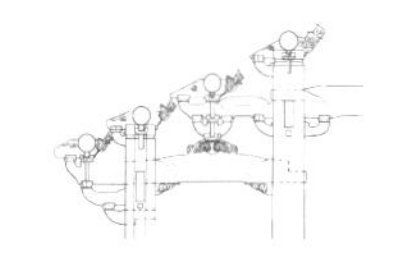

禅城太上庙水式山墙局部

南海大沥大镇“朝议世家”邝公祠人字山墙

顺德乐从沙滘陈氏大宗祠人字山墙

禅城兆祥黄公祠一段式墀头

南海大沥盐步平地黄氏大宗祠一段式、两段式墀头

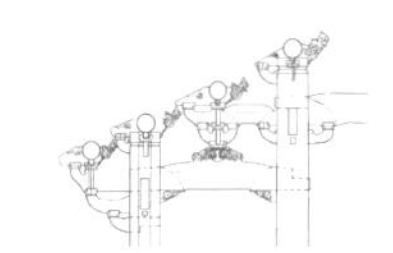

顺德区杏坛镇右滩黄氏大宗祠两段式墀头

顺德均安豸浦胡公家庙（清乾隆元年·1736）两段式墀头

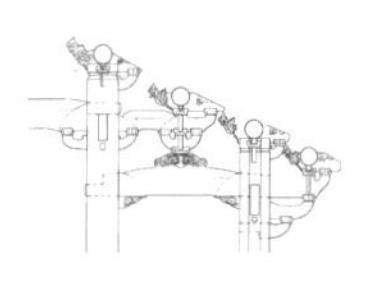

顺德杏坛马齐陈氏大宗祠两段式墀头

三水芦苞大宜岗李氏生祠三段式墀头

顺德杏坛昌教黎氏家庙三段式墀头

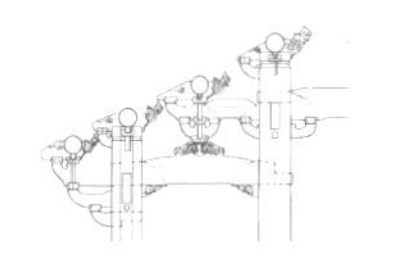

顺德均安仓门梅庄欧阳公祠三段式墀头

南海西樵山云泉仙馆三段式墀头

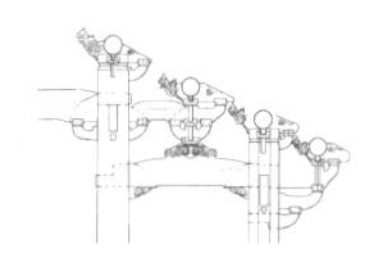

三水芦苞长岐卢氏大宗祠三段式墀头

7.13 柱

顺德乐从沙边何氏大宗祠柱头栌斗

顺德杏坛右滩黄氏大宗祠柱头栌斗

顺德北滘碧江尊明祠檐柱柱头象征性栌斗

顺德伦教羊额月池何公祠檐柱柱头象征性栌斗

顺德北滘桃村黎氏三世祠木梭柱柱身（左）

顺德北滘碧江尊明祠木圆柱柱身（右）

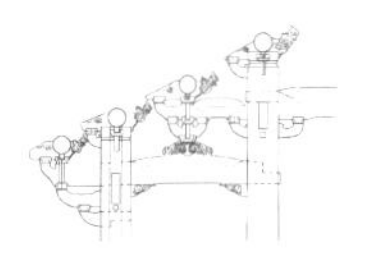

顺德乐从沙滘陈氏大宗祠木梭柱柱身局部

南海狮山联表关氏西祠八角石柱柱身

顺德杏坛上地松涧何公祠柱身局部

佛山祖庙灵应祠拜亭石柱柱身局部，仿梭柱卷杀

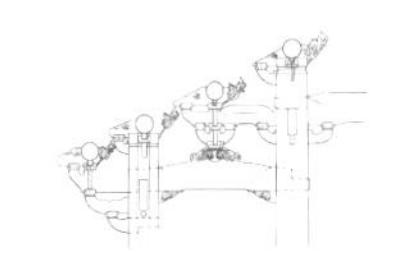

顺德乐从腾冲愚乐刘公祠（民国19年·1930）大方石柱柱身局部，柱角带竹节纹

佛山祖庙灵应祠三门小方石柱柱身，柱角凹槽（左）

三水芦苞胥江祖庙武当行宫门堂前檐小方石柱柱身局部，柱角凹槽带竹节纹（右）

顺德杏坛昌教黎氏家庙小方石柱柱身局部，柱角凹槽带竹节纹

三水芦苞独树岗蔡氏大宗祠圆石柱柱身局部

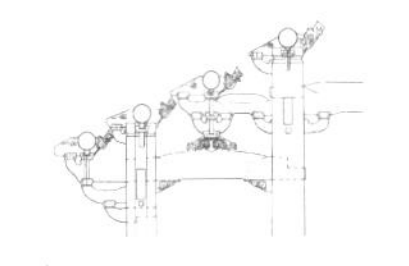

三水西南武庙圆石柱柱身雕刻（仿木联）（左）

三水西南武庙龙柱柱身（右）

顺德勒流众涌天后宫龙柱柱身

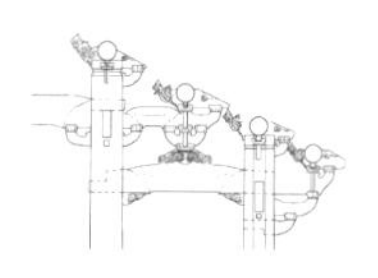

顺德乐从沙滘陈氏大宗祠柱櫍

禅城石湾澜石石头霍氏家庙柱櫍

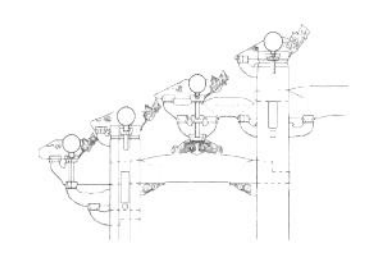

顺德区桃村金紫名宗后堂金柱柱櫍和木鼓座

顺德北滘桃村报功祠覆盆式柱础

高明荷城塘肚艺能严公祠（明）咸水石覆盆式柱础

顺德均安鹤峰上村李氏宗祠覆盆式柱础

顺德杏坛逢简刘氏大宗祠咸水石八角覆盆式柱础

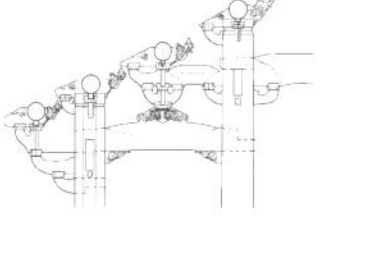

禅城深村康宁聂公祠红砂岩八角覆盆式柱础

顺德大良锦岩庙（明）咸水石八角覆盆式柱础

顺德北滘桃村金紫名宗咸水石八角覆盆式柱础

顺德乐从沙边何氏大宗祠咸水石覆莲柱础

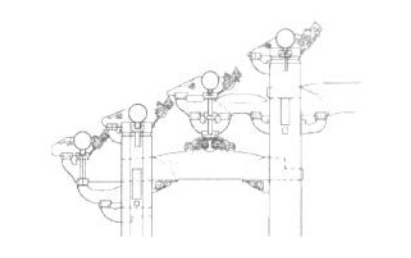

顺德陈村仙涌朱氏始祖祠咸水石八角覆莲式柱础

顺德北滘桃村黎氏三世祠红砂岩仰覆莲花柱础

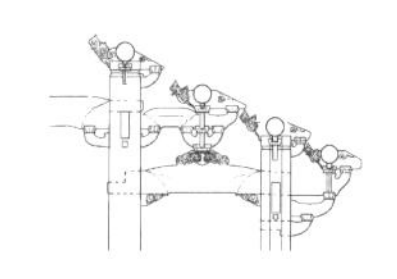

南海大沥盐步平地黄氏大宗祠大方式柱础

顺德杏坛桑麻南庄苏公祠花岗岩大方式柱础

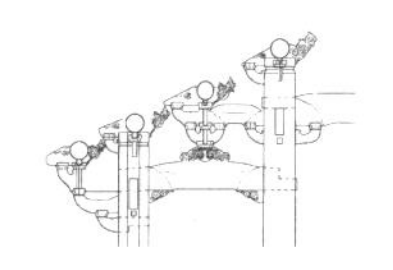

顺德杏坛逢简和之梁
公祠花岗岩鼓形柱础

顺德伦教羊额月池何
公祠咸水石鼓形柱础

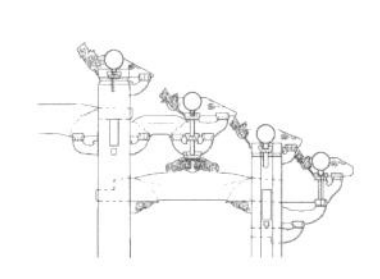

顺德勒流众涌天后宫（清光绪二十九年·1903）花岗岩鼓形柱础

佛山祖庙灵应祠花岗岩四方花篮式柱础

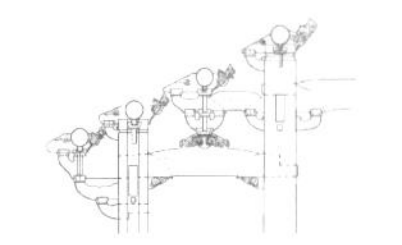

三水芦苞胥江祖庙普陀行宫花岗岩八角花篮式柱础

佛山祖庙灵应祠花岗岩八角花篮式柱础

顺德乐从沙滘陈氏大宗祠花岗岩花篮式柱础

顺德乐从沙滘陈氏大宗祠花岗岩花篮式柱础

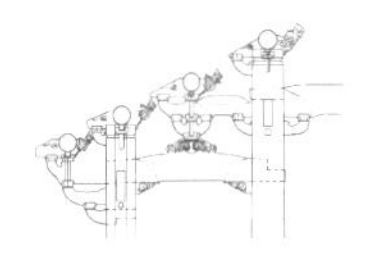

顺德均安仓门梅庄欧阳公祠花岗岩花篮式柱础

南海里水文教王氏宗祠石梭柱，花篮式柱础

禅城国公庙（清道光十五年·1835）花岗岩小方式柱础

南海大沥钟边钟氏大宗祠（清）花岗岩小方式柱础

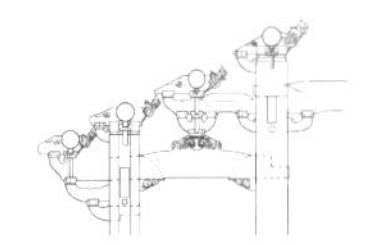

三水芦苞胥江祖庙普陀行宫花岗岩小方式柱础

顺德北滘碧江慕堂苏公祠花岗岩小方式柱础

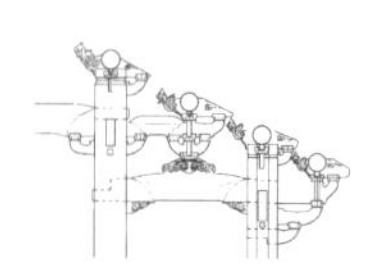

顺德龙江华西察院陈公祠花岗岩小方式柱础

三水西南武庙花岗岩小方式柱础

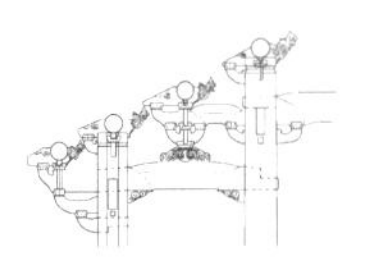

南海西樵山云泉仙馆花岗岩小方式柱础

三水芦苞胥江祖庙武当行宫花岗岩小方式柱础

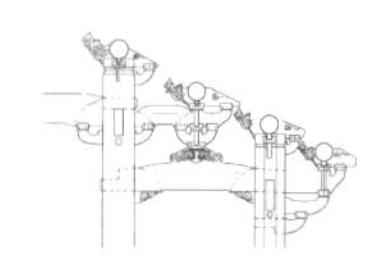

南海里水贤僚泗源郑公祠（清光绪·1875—1908）花岗岩小方式柱础

顺德逢简和之梁公祠花岗岩小方式柱础

顺德乐从沙滘陈氏大宗祠花岗岩小方式柱础

顺德大良锦岩庙花岗岩双柱础

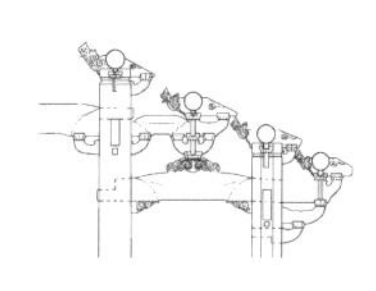

顺德北滘桃村金紫名宗花岗岩双柱础（左）

顺德杏坛昌教黎氏家庙花岗岩双柱础（右）

南海西樵松塘区氏宗祠花岗岩双柱础

禅城孔庙（清宣统三年·1911）花岗岩洋人柱础

三水西南武庙花岗岩洋人柱础

7.14 梁

南海官窑七浦陈氏宗祠门堂前檐月梁，梁肩斜杀

顺德北滘碧江尊明祠中堂边跨月梁，梁肩做剥腮

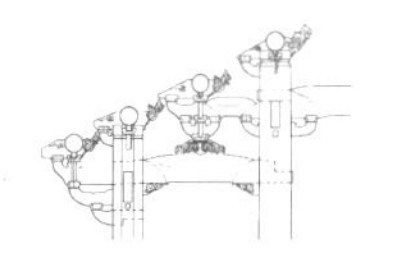

南海罗村罗南杨氏四世祠月梁，梁肩做剥腮

南海罗村罗南杨氏四世祠月梁

顺德乐从沙边何氏大宗祠月梁，梁肩做剥腮

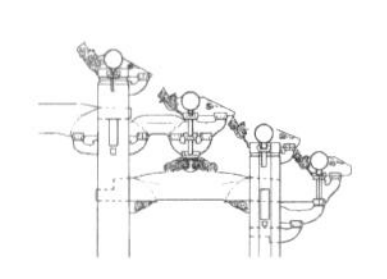

顺德乐从沙边何氏大宗祠月梁、仿月梁，雕饰剥腮

顺德杏坛昌教黎氏家庙仿月梁，雕饰剥腮

顺德杏坛右滩黄氏大宗祠仿月梁，雕饰剥腮

三水芦苞大宜岗元茂李公祠仿月梁，满雕梁身

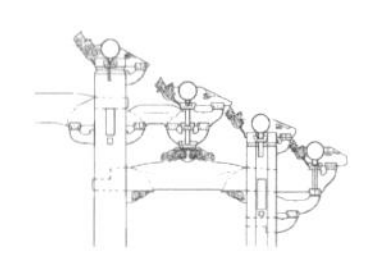

顺德均安仓门梅庄欧阳公祠木直梁，满雕梁身

兆祥黄公祠木直梁，坨墩、横梁组成宏大场景

南海罗村罗南杨氏四世祠梁底局部

三水芦苞胥江祖庙武当行宫木直梁梁身雕刻

顺德杏坛右滩黄氏大宗祠心间木阑额

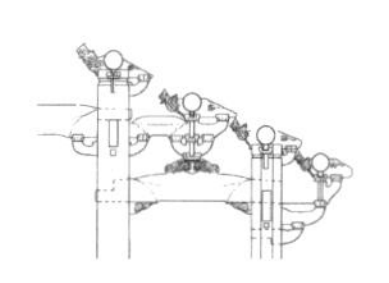

顺德乐从沙边何氏大宗祠门堂次间木阑额

南海大沥盐步平地黄氏大宗祠门堂心间石阑额，仿木梁

顺德北滘桃村金紫名宗门堂次间石阑额，仿木梁

顺德乐从腾冲愚乐刘公祠门堂次间虾弓梁

三水芦苞大宜岗元茂李公祠门堂次间虾弓梁，满雕梁身

顺德勒流众涌天后宫门堂次间虾弓梁

顺德均安仓门梅庄欧阳公祠门堂次间虾弓梁

禅城石湾沙岗张氏大宗祠门堂次间虾弓梁

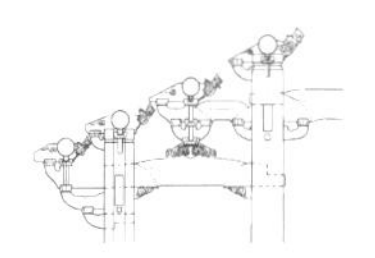

7.15 结构交接

南海大沥大镇“朝议世家”邝公祠如意纹样横架驼峰

顺德乐从良教诰赠都御史祠（明弘治八年·1495）卷草样横架驼峰

顺德北滘桃村佚名祠堂卷草样横架驼峰

南海里水逢涌邹氏宗祠卷草样横架驼峰

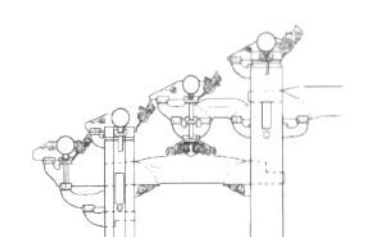

禅城深村康宁聂公祠祥瑞样横架坨墩

顺德乐从小布何氏大宗祠人物横架坨墩

顺德乐从沙边何氏大宗祠人物横架坨墩

顺德杏坛昌教黎氏家庙人物横架坨墩

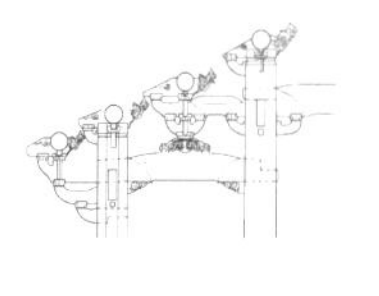

顺德杏坛右滩黄氏大宗祠人物横架坨墩

顺德杏坛高赞梁氏大宗祠如意纹样纵架木驼峰

南海大沥大镇“朝议世家”邝公祠门堂心间如意纹样纵架木驼峰

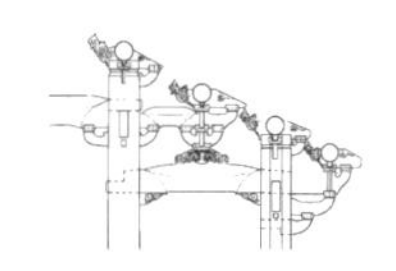

南海罗村罗南杨氏四世祠卷草样纵架木驼峰

三水芦苞胥江祖庙武当行宫后堂心间祥瑞样纵架木坨墩

顺德乐从沙边何氏大宗祠门堂次间祥瑞样纵架木坨墩

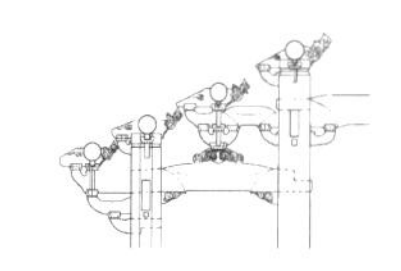

顺德乐从腾冲愚乐刘公祠祥瑞样纵架石坨墩

顺德杏坛昌教黎氏大宗祠人物（洋人）纵架石坨墩

顺德杏坛桑麻南庄苏公祠门堂镂空纵架石坨墩

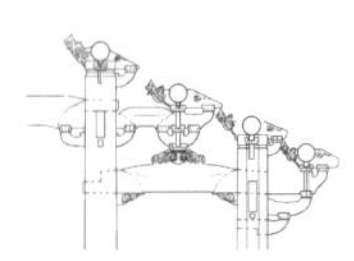

三水芦苞大宜岗李氏生祠门堂次间石狮纵架石坨墩

佛山祖庙灵应祠后殿纵架木斗栱（栱身不出锋，方斗）

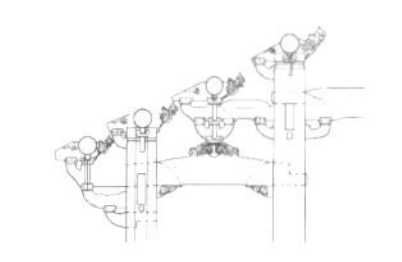

佛山祖庙灵应祠中殿纵架如意木斗栱（栱身不出锋，八角形斗）

顺德区北滘镇碧江尊明祠横架斗栱（栱身出锋，莲花斗）

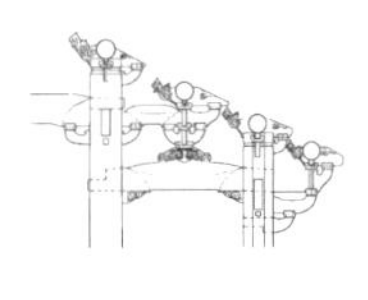

顺德乐从沙滘陈氏大宗祠横架斗栱（栱身平级，方斗）

顺德杏坛右滩黄氏大宗祠横架斗栱（栱身圆雕，方斗满雕）

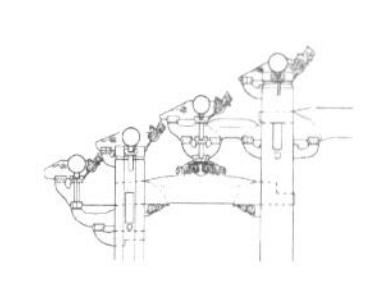

顺德杏坛右滩黄氏大宗祠门堂横架斗栱（栱身圆雕，方斗满雕）

南海九江沙头崔氏宗祠门堂纵架木斗栱（栱身出锋，莲花斗）

顺德杏坛右滩黄氏大宗祠纵架木斗栱（栱身圆雕，方斗满雕）

南海大沥盐步平地黄氏大宗祠纵架镂空石斗栱

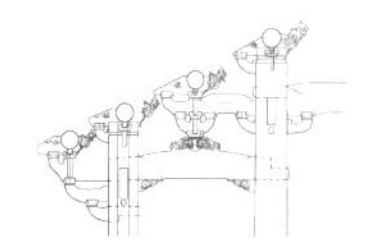

顺德杏坛右滩黄氏大宗祠纵架镂空金花样石隔架科

南海大沥大镇“朝议世家”邝公祠 S 形托脚

顺德区北滘镇林头郑氏大宗祠中堂前檐S形托脚

顺德伦教羊额月池何公祠S形卷草样托脚

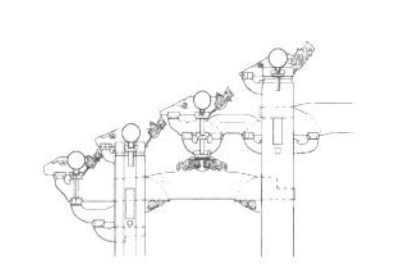

顺德乐从小布何氏大宗祠鳌鱼样托脚

顺德杏坛西登秘书家庙鳌鱼样托脚

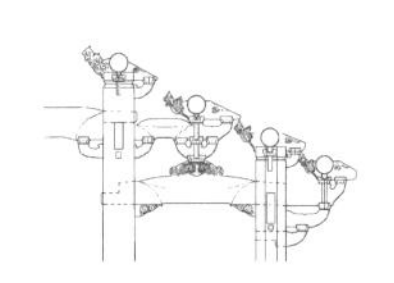

顺德杏坛右滩黄氏大宗祠鳌鱼样托脚

顺德杏坛逢简刘氏大宗祠门堂横架单跳斗栱组合，栌斗上置梁

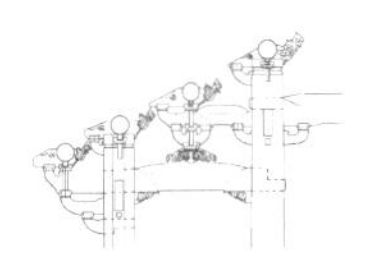

顺德北滘桃村佚名祠堂门堂横架单跳斗栱组合，栌斗上置梁

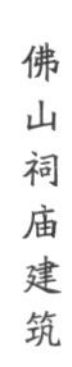

禅城深村康宁聂公祠门堂横架单跳斗栱组合，栌斗上置梁

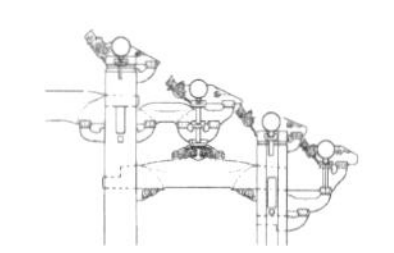

南海官窑七浦陈氏宗祠横架单跳斗栱组合，栌斗上置梁

顺德乐从沙边何氏大宗祠横架两跳斗栱组合，栌斗上置斗栱，斗栱上置梁

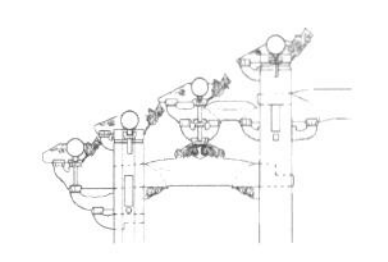

南海罗村寨边泮阳李公祠横架两跳斗栱组合，栌斗上置斗栱，斗栱上置梁

顺德乐从腾冲周氏宗祠（清光绪十七年·1891）门堂横架两跳斗栱组合，栌斗上置梁，梁上置斗栱

南海狮山联表关氏西祠门堂横架两跳斗栱组合，栌斗上置梁，梁上置斗栱

顺德杏坛西登秘书家庙横架两跳斗栱组合，栌斗上置梁，梁上置斗栱

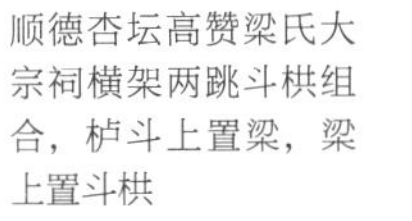

顺德杏坛高赞梁氏大宗祠横架两跳斗栱组合，栌斗上置梁，梁上置斗栱

顺德乐从沙边何氏大宗祠横架三跳斗栱组合，栌斗上置梁，梁上置两层斗栱

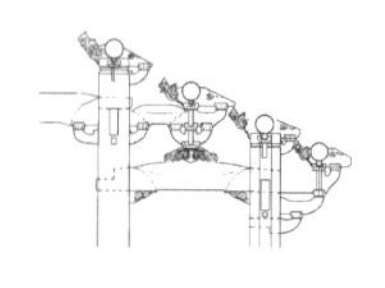

顺德乐从沙边何氏大宗祠不透榫插梁式驼峰斗栱梁架

顺德杏坛右滩黄氏大宗祠不透榫插梁式驼峰斗栱梁架

佛山祖庙灵应祠三门后檐穿式瓜柱横架

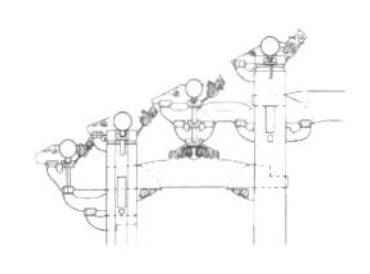

顺德北滘碧江慕堂苏公祠沉式瓜柱横架

顺德杏坛右滩黄氏大宗祠柱子直接承檩

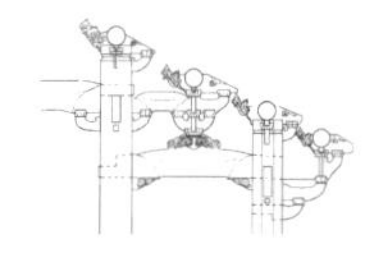

顺德杏坛右滩黄氏大宗祠柱子直接承檩

顺德北滘碧江慕堂苏公祠门堂前檐斗栱承檩

顺德北滘林头郑氏大宗祠插栱承檩

南海狮山华平李氏大宗祠中堂瓜柱承檩

7.16 檐部结构

南海大沥大镇“朝议世家”邝公祠木檐柱及挑檐

顺德杏坛逢简刘氏大宗祠墉

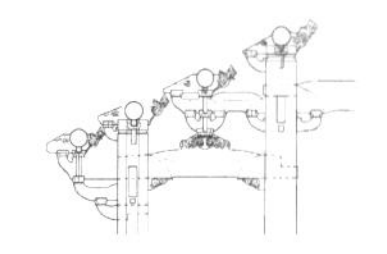

顺德北滘桃村黎氏三
世祠墉和挑檐、花窗

顺德北滘碧江尊明祠
八角形石檐柱及挑檐

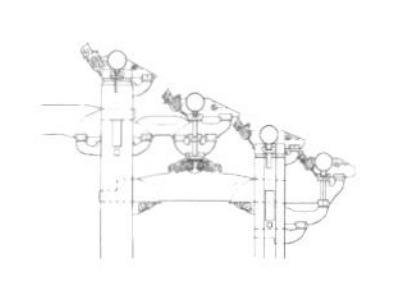

顺德杏坛右滩黄氏大宗祠石檐柱及挑檐

南海九江沙头崔氏宗祠石檐柱及挑檐

顺德北滘碧江慕堂苏公祠石檐柱及挑檐

顺德北滘桃村袁氏大宗祠石檐柱及挑檐，透榫插梁式

顺德杏坛右滩黄氏大宗祠不挑檐石檐柱

顺德杏坛逢简参政李公祠不挑檐石檐柱

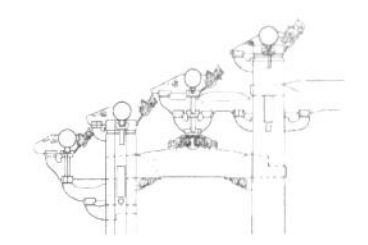

7.17 门

南海大沥大镇“朝议世家”邝公祠木门面

顺德杏坛右滩黄氏大宗祠木门面

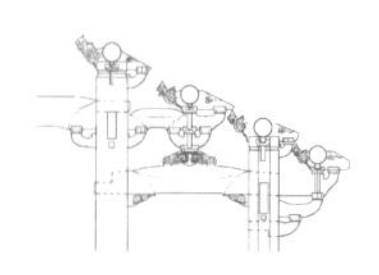

佛山祖庙灵应祠三门红砂岩石门面

顺德杏坛马东天后宫花岗岩门面

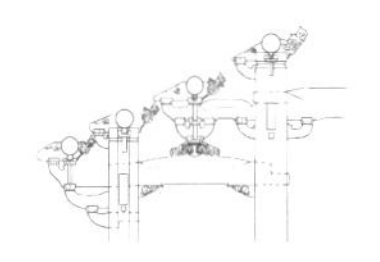

禅城石湾沙岗张氏大宗祠花岗岩门面

禅城兆祥黄公祠花岗岩门面

顺德乐从沙滘陈氏大宗祠厅堂门

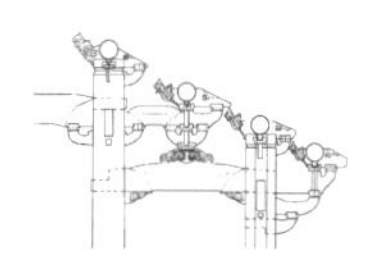

顺德乐从沙滘陈氏大宗祠厅堂门

顺德北滘碧江亦渔遗塾厅堂门

顺德杏坛右滩黄氏大宗祠厅堂门

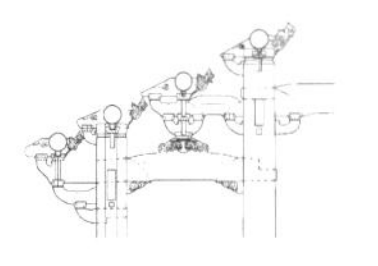

顺德杏坛逢简和之梁公祠屏门

禅城兆祥黄公祠屏门

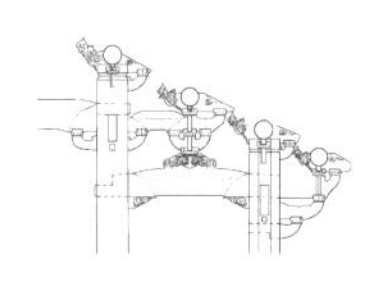

顺德乐从沙滘陈氏大宗祠矮脚门

顺德乐从沙滘陈氏大宗祠门洞

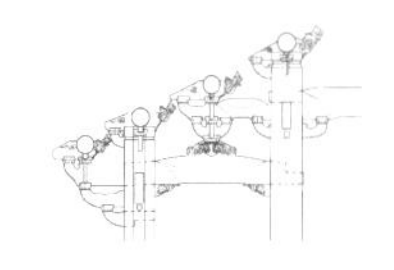

顺德北滘莘村梁大夫祠（清）门洞

顺德北滘碧江慕堂苏公祠门洞

南海狮山刘边村刘氏大宗祠门洞

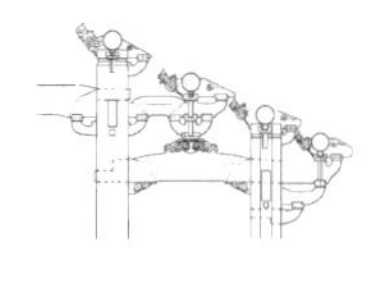

顺德容桂真武庙咸水石方形门枕石

顺德杏坛上地松涧何公祠咸水石方形门枕石

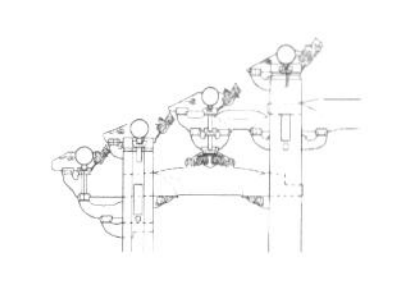

顺德杏坛杏坛大街苏氏大宗祠咸水石方形门枕石

南海九江沙头崔氏宗祠咸水石几案形门枕石

三水芦苞大旗头郑氏宗祠花岗岩几案形门枕石

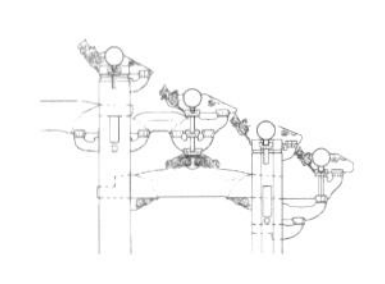

三水芦苞大宜岗李氏生祠花岗岩几案形门枕石

禅城石湾沙岗张氏大宗祠花岗岩几案形门枕石

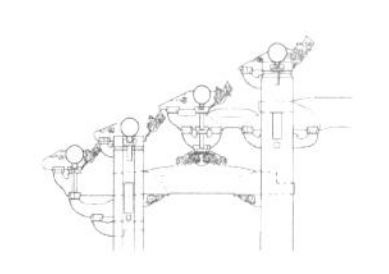

三水芦苞胥江祖庙普陀行宫花岗岩几案形门枕石

顺德北滘桃村金紫名宗花岗岩几案形门枕石

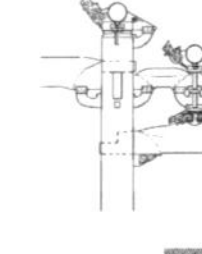

顺德杏坛右滩黄氏大宗祠花岗岩几案形门枕石

顺德均安镇上村李氏宗祠汉白玉方形门枕石

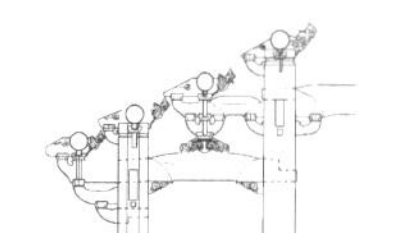

南海狮山华平李氏大宗祠花岗岩几案形门枕石和石鼓

南海大沥盐步平地黄氏大宗祠花岗岩几案形门枕石和石狮

三水芦苞胥江祖庙普陀行宫花岗岩几案形门枕石

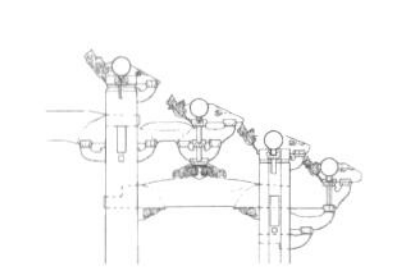

南海九江烟桥何氏六世祖祠花岗岩几案形门枕石（大门内部）

顺德均安仓门梅庄欧阳公祠花岗岩大门门框线脚

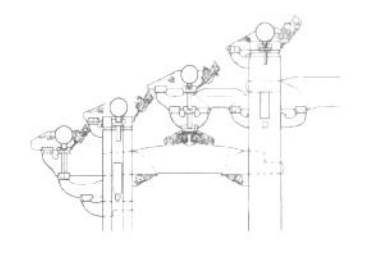

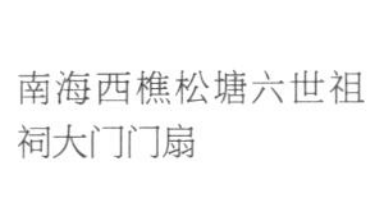

南海西樵松塘六世祖祠大门门扇

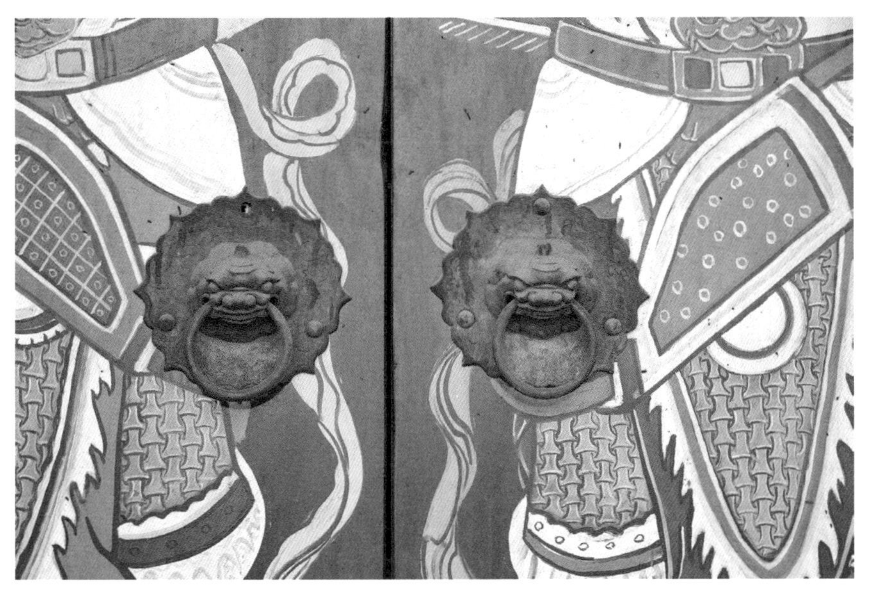

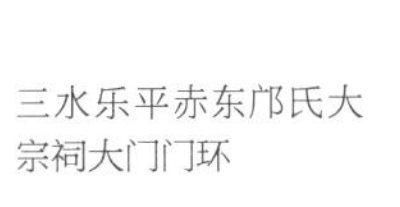

三水乐平赤东邝氏大宗祠大门门环

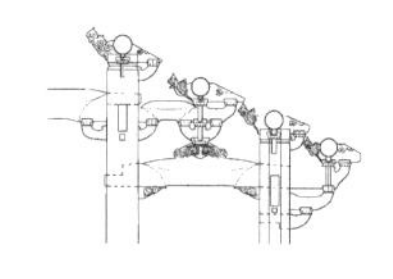

7.18 窗

顺德北滘碧江亦渔遗塾花窗

顺德北滘碧江三元宫花窗

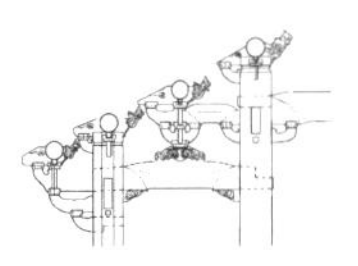

顺德杏坛龙潭梁氏大宗祠花窗

顺德杏坛逢简刘氏大宗祠花窗

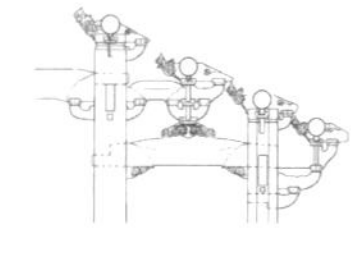

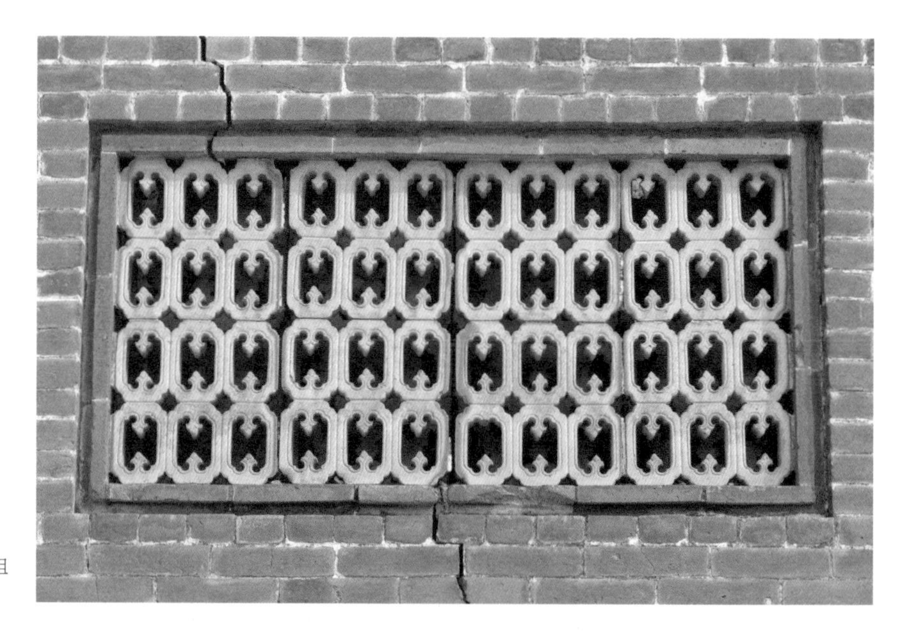

南海里水松塘东山祖祠花窗

顺德杏坛逢简刘氏大宗祠花窗

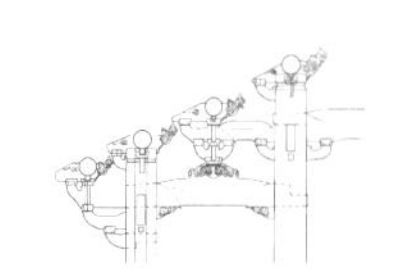

顺德大良锦岩庙花窗

顺德乐从沙滘陈氏大宗祠隔扇

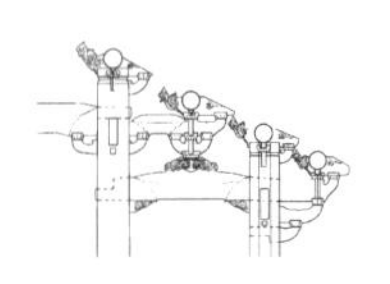

顺德乐从沙滘陈氏大宗祠隔扇（左）

顺德乐从沙滘陈氏大宗祠平开窗（右）

顺德乐从沙滘陈氏大宗祠支摘窗

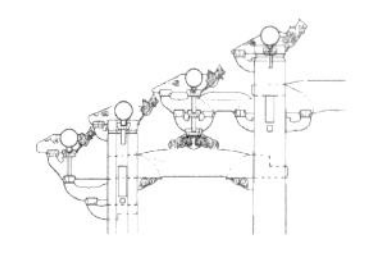

7.19 雀替

三水芦苞胥江祖庙武当行宫木雀替

顺德均安仓门梅庄欧阳公祠木雀替

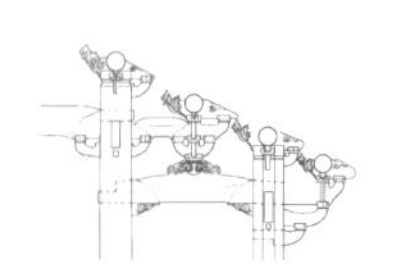

南海大沥盐步平地黄氏大宗祠石雀替

顺德乐从路州周氏大宗祠石雀替

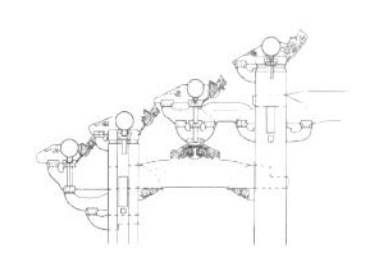

顺德乐从沙滘陈氏大宗祠石雀替

顺德乐从沙滘陈氏大宗祠石雀替

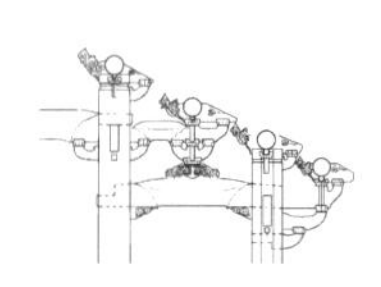

顺德乐从沙滘陈氏大宗祠石雀替

顺德乐从沙滘陈氏大宗祠石雀替

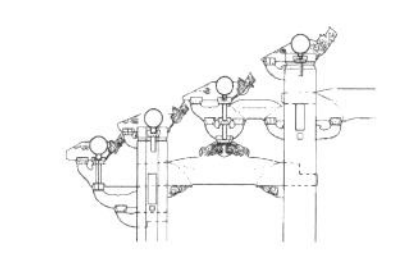

禅城兆祥黄公祠石雀替

顺德杏坛龙潭某祠堂洋人样石雀替

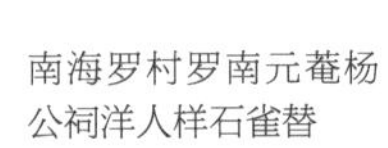

南海罗村罗南元菴杨公祠洋人样石雀替

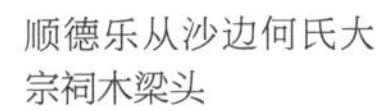

顺德乐从沙边何氏大宗祠木梁头

顺德均安上村李氏宗祠石梁头

南海狮山联表关氏西祠石梁头

顺德杏坛昌教黎氏大宗祠石梁头

顺德杏坛龙潭孝通殿石梁头

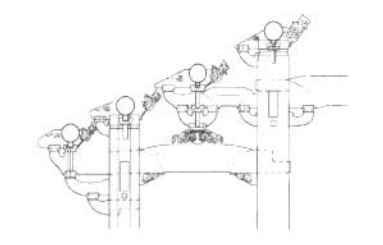

7.20 围栏、垂带石

南海大沥盐步平地黄氏大宗祠围栏

顺德杏坛逢简刘氏大宗祠围栏

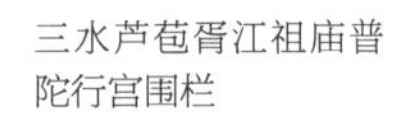

三水芦苞胥江祖庙普陀行宫围栏

三水芦苞胥江祖庙武当行宫栏板

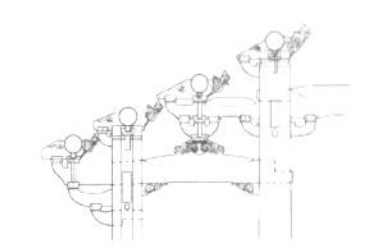

三水芦苞胥江祖庙武当行宫栏板

佛山祖庙庆真楼栏板

佛山祖庙石狮垂带石

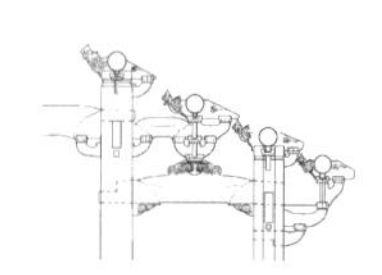

南海罗村联星江氏宗祠石狮垂带石

佛山祖庙石狮垂带石

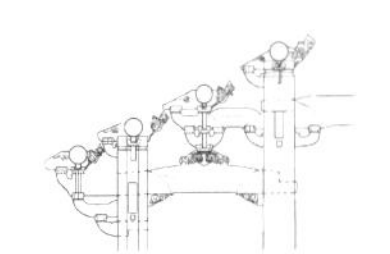

南海罗村联星江氏宗祠鼓形垂带石

南海西樵字祖庙（清乾隆四十二年·1777 年）鼓形垂带石

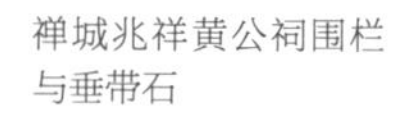

禅城兆祥黄公祠围栏与垂带石

顺德杏坛右滩黄氏大宗祠垂带石

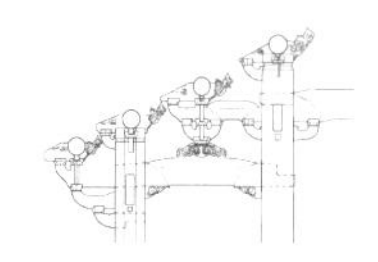

顺德均安南浦李氏家庙垂带石

三水芦苞胥江祖庙普陀行宫垂带石

三水芦苞胥江祖庙武当行宫围栏石狮

三水芦苞独树岗洪圣庙栏板石狮

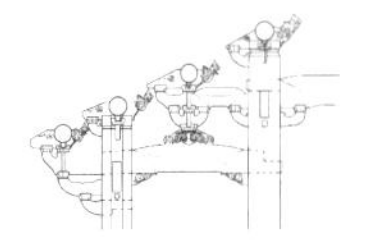

7.21 罩、横披

顺德乐从沙滘陈氏大宗祠飞罩

顺德乐从沙滘陈氏大宗祠飞罩

顺德乐从沙滘陈氏大宗祠飞罩

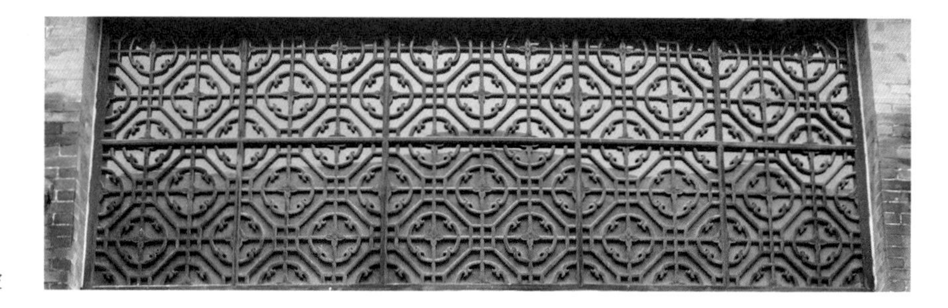

禅城兆祥黄公祠横披

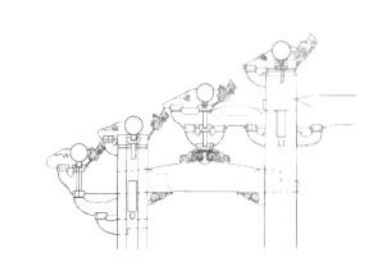

南海大沥盐步平地黄氏大宗祠横披

7.22 檐板

佛山祖庙灵应祠三门心间檐板

佛山祖庙灵应祠三门次间檐板

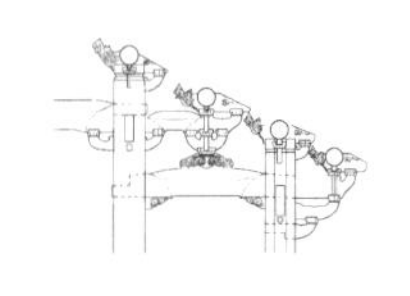

顺德北滘碧江慕堂苏
公祠檐板局部 1

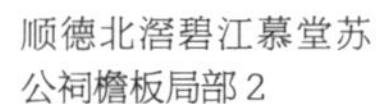

顺德北滘碧江慕堂苏
公祠檐板局部 2

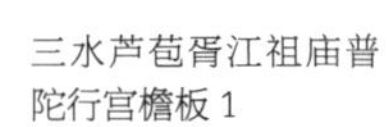

三水芦苞胥江祖庙普
陀行宫檐板 1

三水芦苞胥江祖庙普
陀行宫檐板 2

7.23 木雕

三水芦苞胥江祖庙武当行宫前殿横架木雕

三水芦苞胥江祖庙武当行宫木雕 1

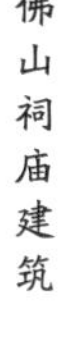

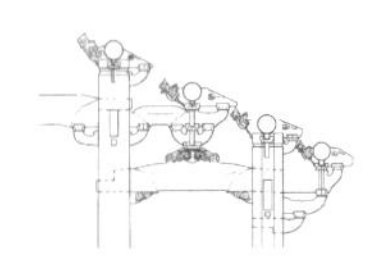

三水芦苞胥江祖庙武
当行宫木雕 2

三水芦苞胥江祖庙武
当行宫木雕 3

三水芦苞胥江祖庙普
陀行宫木雕

禅城国公庙木雕 1

禅城国公庙木雕 2

禅城兆祥黄公祠木雕

南海罗村罗南杨氏四世祠梁架木雕

顺德均安仓门梅庄欧阳公祠梁架木雕

7.24 石雕

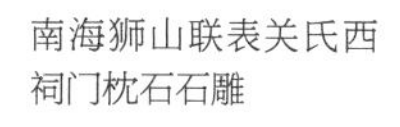
南海狮山联表关氏西祠门枕石石雕

南海里水文岗祖全公祠门枕石石雕

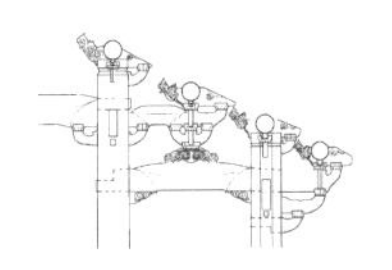

南海狮山联表关氏西祠门堂塾台石雕

南海大沥盐步平地黄氏大宗祠栏板石雕

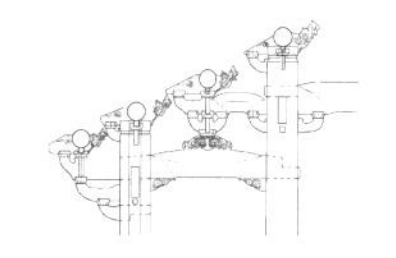

南海官窑七浦陈氏宗祠栏板石雕

顺德杏坛逢简刘氏大宗祠栏板石雕

顺德乐从沙边何氏大宗祠栏板石雕

顺德杏坛桑麻南庄苏公祠栏板石雕

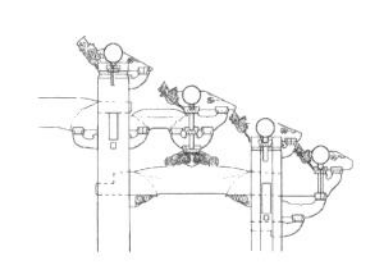

南海九江沙头崔氏宗祠牌坊石雕

南海九江下西慈悲宫牌坊（明）石雕 1

南海九江下西慈悲宫牌坊石雕 2

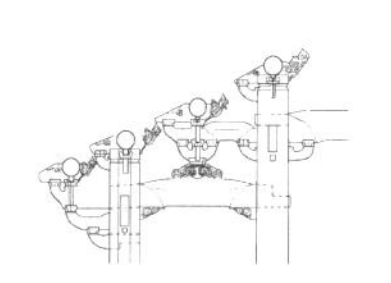

顺德杏坛右滩黄氏大宗祠门堂石狮

南海狮山华平李氏大宗祠门堂前石狮

三水芦苞胥江祖庙普陀行宫围栏上石狮

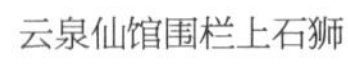
云泉仙馆围栏上石狮

南海大沥盐步平地黄氏大宗祠石雕隔架科

7.25 砖雕

顺德区碧江慕堂苏公祠照壁砖雕

顺德北滘碧江慕堂苏公祠照壁砖雕

顺德龙江坦西张氏九世祠砖雕

南海九江烟桥何氏六世祖祠（何氏大宗祠）（清嘉庆十九年·1814）砖雕

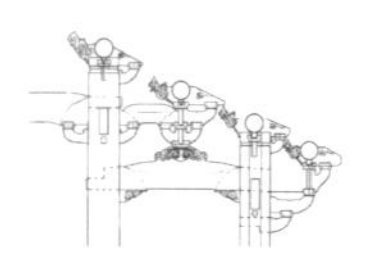

顺德龙江华西察院陈公祠砖雕

顺德龙江坦西张氏九世祠砖雕

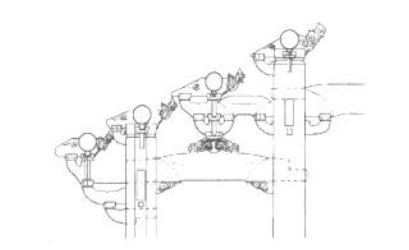

南海大沥凤池曹氏大宗祠（清道光二十三年·1843）砖雕局部

顺德北滘碧江慕堂苏公祠墀头砖雕局部（左）

顺德乐从沙滘陈氏大宗祠墀头砖雕局部（右）

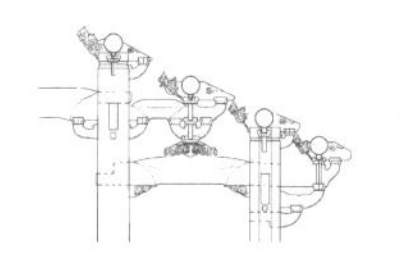

三水芦苞长岐卢氏大宗祠墀头砖雕局部

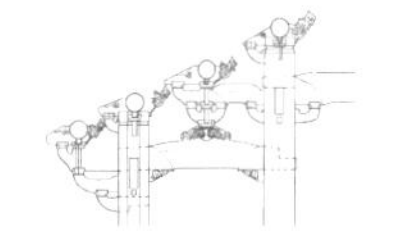

7.26 陶塑

三水芦苞胥江祖庙看脊（花脊，陶脊）局部

佛山祖庙灵应祠前庭陶脊看脊“哪吒闹东海”（清光绪廿五年·1899）局部

佛山祖庙灵应祠前庭东廊看脊“郭子仪祝寿”局部

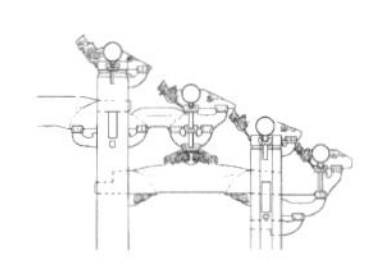

佛山祖庙前殿西廊看脊“八仙”（清光绪廿五年·1899）

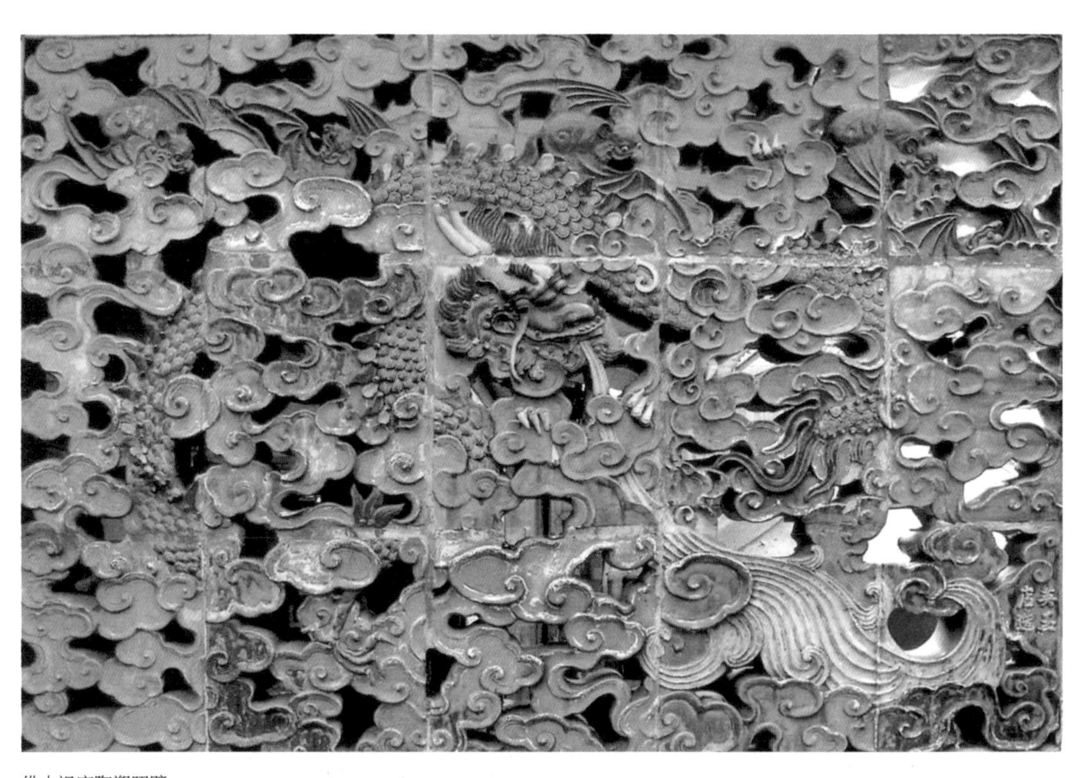

佛山祖庙陶塑照壁

7.27 灰塑

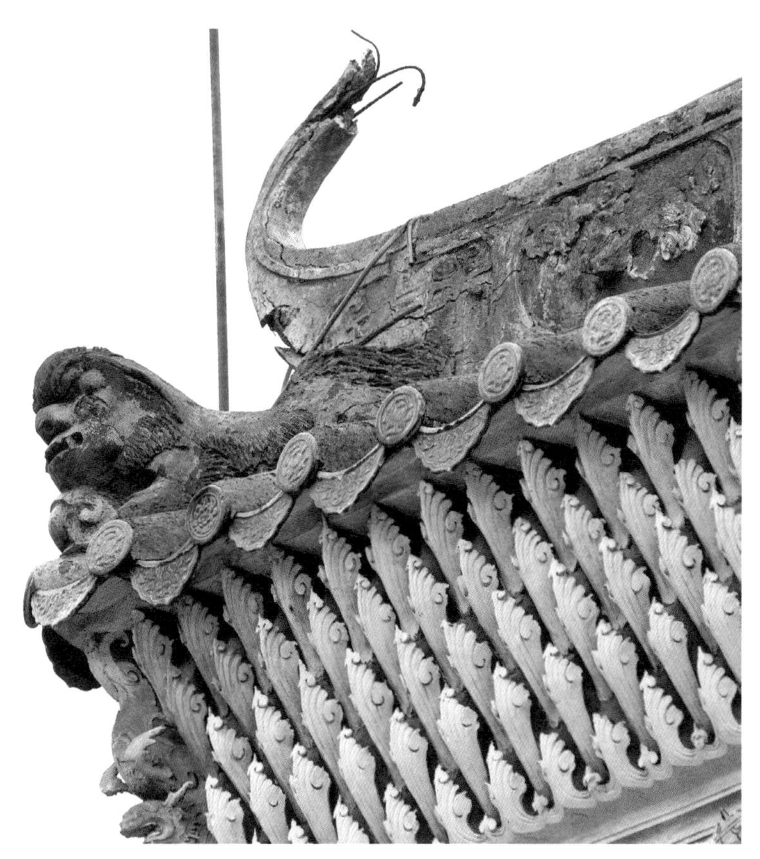
南海九江沙头崔氏宗祠灰塑

顺德北滘碧江某祠堂灰塑

顺德均安星槎何氏大宗祠门堂外墙灰塑

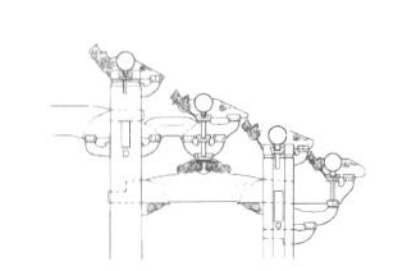

三水大旗头村郑氏宗祠山墙灰塑

三水芦苞胥江祖庙普陀行宫山墙灰塑局部

顺德乐从路州周氏大宗祠正脊灰塑主画

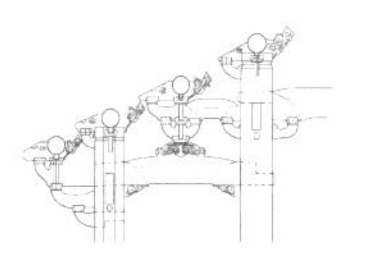

7.28 壁画

顺德杏坛高赞梁氏大宗祠壁画、书法组合

顺德杏坛高赞梁氏大宗祠山水壁画

顺德北滘莘村梁大夫祠山水壁画

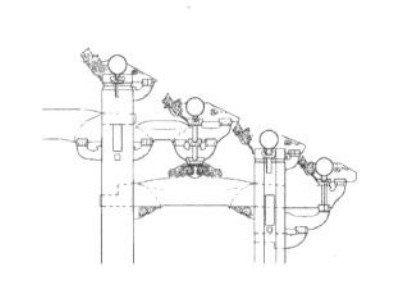

顺德北滘莘村梁大夫祠山水壁画

南海狮山刘边南崖刘公祠山水壁画

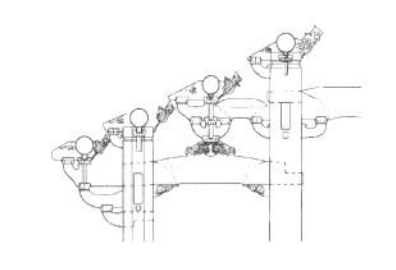

南海颜边颜氏大宗祠（清道光十三年·1833）人物壁画

顺德杏坛马齐陈氏大宗祠人物壁画 1

顺德杏坛马齐陈氏大宗祠人物壁画 2

顺德杏坛马齐陈氏大宗祠人物壁画 3

顺德杏坛南朗陈氏家庙人物壁画 1

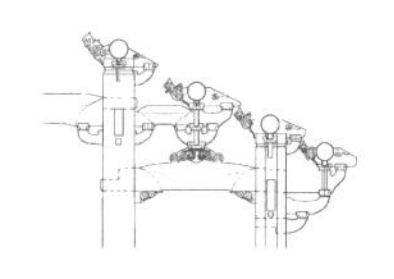

顺德杏坛南朗陈氏家庙人物壁画 2

南海西樵松塘六世祖祠花鸟壁画

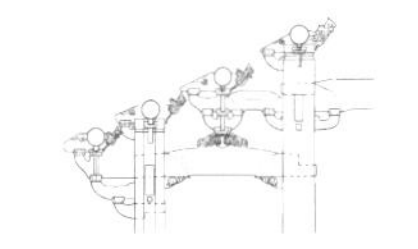

顺德杏坛高赞梁氏大宗祠花鸟壁画 1

顺德杏坛高赞梁氏大宗祠花鸟壁画 2

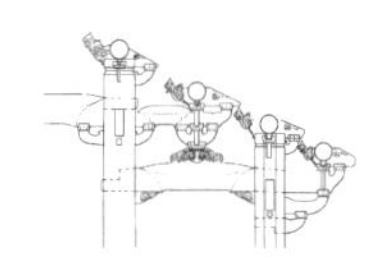

7.29 书法

南海九江烟桥何氏六世祖祠（何氏大宗祠）中堂匾额

顺德北滘桃村报功祠门堂石匾

顺德北滘桃村报功祠门堂石联

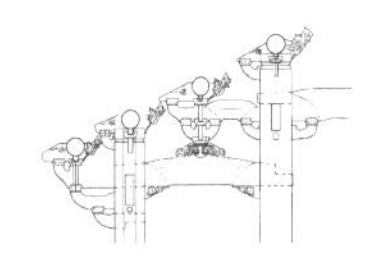

顺德大良西山庙山门门额

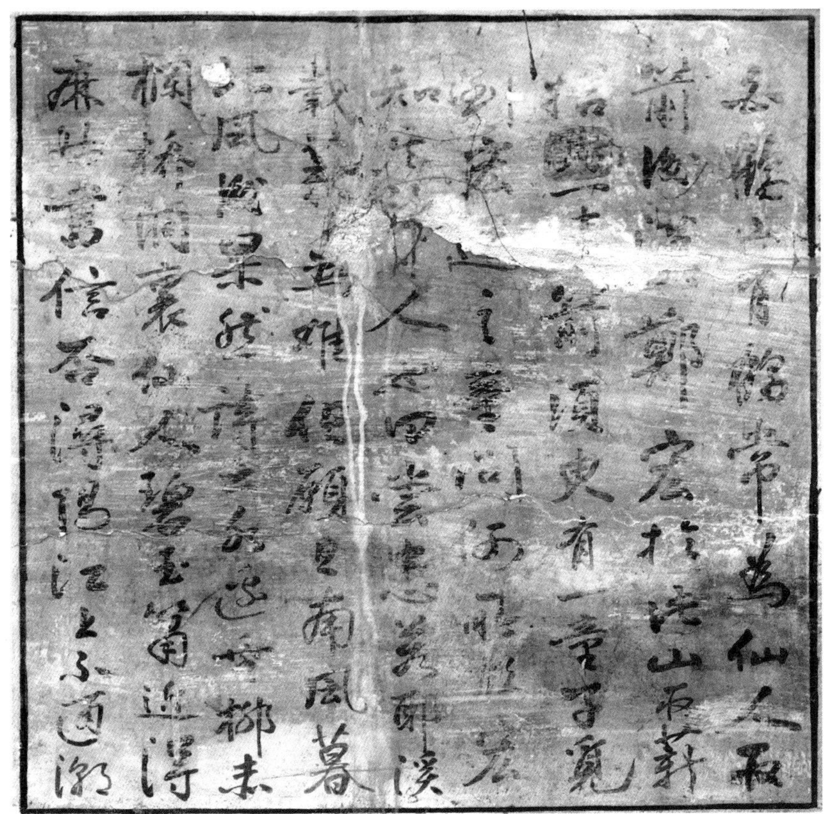

顺德杏坛高赞梁氏大宗祠墙上书法

顺德乐从沙滘陈氏大宗祠青云巷门额

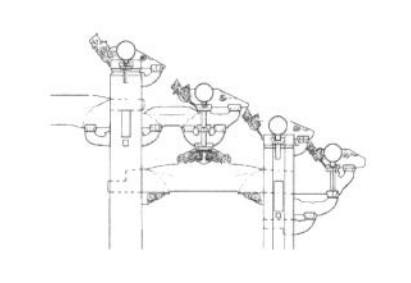

参考文献

专著：

[1] 刘敦桢 . 中国古代建筑史 . 北京：中国建筑工业出版社，2013

[2] 孙大章 . 中国古代建筑史・清代建筑 . 北京：中国建筑工业出版社，2004

[3] 潘谷西 . 中国建筑史 . 北京：中国建筑工业出版社，2009

[4] 程建军 . 岭南古代大式殿堂建筑构架研究 . 北京：中国建筑工业出版社，2002

[5] 程建军 . 梓人绳墨——岭南历史建筑测绘图选集 . 广州：华南理工大学出版社，2013

[6] 齐康，尹培桐，彭一刚，李先逵 . 中国土木建筑百科辞典・建筑 . 北京：中国建筑工业出版社，1999

[7] 北京市文物研究所 . 中国古代建筑辞典 . 北京：中国书店，1992

[8] 王效清 . 中国古建筑术语辞典 . 北京：文物出版社，2007

[9] 冯江 . 祖先之翼——明清广州府的开垦、聚族而居与宗族祠堂的衍变 .（第一版）. 北京：中国建筑工业出版社，2010

[10] 凌建 . 顺德祠堂文化初探 . 北京：科学出版社，2008

[11] 佛山市博物馆 . 佛山祖庙 . 北京：文物出版社，2005

[12] 周彝馨，吕唐军 . 石湾窑文化研究 . 广州：中山大学出版社，2014

[13] 周彝馨 . 移民聚落空间形态适应性研究 . 北京：中国建筑工业出版社，2014

[14] 周彝馨 . 佛山传统建筑研究 . 广州：中山大学出版社，2015

地方文献：

[15] 冼宝干 . 民国佛山忠义乡志（乡镇志集成本）

[16] 佛山市地方志编纂委员会 . 佛山市志 . 广州：广东人民出版社，1994

[17] 佛山市文物管理委员会 . 佛山文物 . 佛山：佛山日报社印刷厂，1992

[18] 佛山市博物馆 . 佛山市文物志 . 广州：广东科技出版社，1991

[19] 南海市地方志编纂委员会 . 南海县志 . 北京：中华书局，2000

[20] 佛山市南海区文化广电新闻出版社 . 南海市文物志 . 广州：广东经济出版社，2007

[21] 中共佛山市南海区委宣传部 . 南海名胜 . 广州：中山大学出版社，2010

[22] 顺德市地方志编纂委员会 . 顺德县志 . 北京：中华书局，1996

[23] 顺德县文物志编委会 . 顺德文物志 . 广州：广东人民出版社，1994

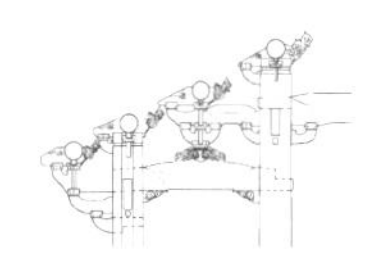

[24] 顺德县文物志编委会，顺德县博物馆 . 顺德文物志，1991

[25] 杨小晶 . 广东省岭南近现代建筑图集（顺德分册），2013

[26] 三水县地方志编纂委员会 . 三水县志 . 广州：广东人民出版社，1995

[27] 三水县地方志编纂委员会 .（清·嘉庆二十四年）三水县志点注本，1987

[28] 佛山市三水区文化局 . 三水古庙 . 古村 . 古风韵 . 广州：广东人民出版社，1994

[29] 程建军 . 三水胥江祖庙 . 北京：中国建筑工业出版社，2008

[30] 高明县地方志编纂委员会 . 高明县志 . 广州：广东人民出版社，1995

[31] 佛山市高明区地方志编纂委员会 . 高明市志（1981—2002）. 广州：广东人民出版社，2010

[32] 广东省佛山市高明区文化广电新闻出版局 . 高明文物，2009

[33] 佛山市高明区政协学习和文史委员会 . 今风古韵——高明古建筑专辑，2012

[34] 佛山市建设委员会，西安建筑科技大学，佛山市城乡规划处 . 佛山市历史文化名城保护规划，1996

[35] 佛山市规划局顺德分局，佛山市城市规划勘测设计研究院 . 乐从镇沙滘历史文化保护与发展规划说明书、专题研究，2009

[36] 佛山市顺德区规划设计院有限公司 . 佛山市顺德区杏坛镇昌教村历史文化保护与发展规划文本 . 图集，2009

[37] 佛山市规划局顺德分局，佛山市城市规划勘测设计研究院 . 北滘镇碧江村历史文化保护与发展规划说明书、专题研究，2009

学位论文：

[38] 赖瑛 . 珠江三角洲广府民系祠堂建筑研究 [博士学位论文]. 广州：华南理工大学，2010

[39] 杨扬 . 广府祠堂建筑形制演变研究 [硕士学位论文]. 广州：华南理工大学，2013

论文：

[40] 程建军 . 广府式殿堂大木结构技术初步研究 . 华中建筑，1997（04）：59-65

[41] 周彝馨 . 岭南传统建筑陶塑脊饰及其人文性格研究 . 中国陶瓷，2011（05）：38-42

[42] 周彝馨 . 佛山传统建筑的人文特点 . 工业建筑，2016（11）：43-46

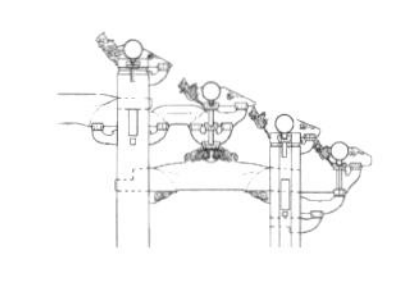

【后记】

关注佛山祠庙建筑已历十载，期间得益于广东省高等学校“千百十工程”省级培养对象资助项目和广东省第一批高等职业教育专业领军人才培养对象资助项目的资助，也有“佛山哲学社会科学规划项目”、“佛山市人文和社科研究丛书”项目的支持，历时数载，本书终得以成稿。

本书与《佛山传统建筑研究》（中山大学出版社，2015）互相印证，前者侧重于图示解读，后者则侧重于系统剖析。

十年之路历历在目，本书为前期工作画上句号，同时也拉开后续研究的新篇章。研究之路仍漫漫，抵达彼岸仍需时日。岭南祠庙建筑博大精深，众多宝藏尚待发掘。研究团队不断成长，我们已经建立了详尽的数据库，研究工作必将更上一层楼。

最后，最诚挚地向所有关心和帮助过我们的师长、前辈、亲人、朋友表示由衷的谢意与敬意！